W0258273

Band 34: C. E. M. Dietrich, P. Walleitner, Warteschlangen-Theorie und Gesundheitswesen. VIII, 96 Seiten. 1982.

Band 35: H.-J. Seelos, Prinzipien des Projektmanagements im Gesundheitswesen. V, 143 Seiten. 1982.

Band 36: C. O. Köhier, Ziele, Aufgaben, Realisation eines Krankenhausinformationssystems. II, (1-8), 216 Seiten. 1982.

Band 37: Bernd Page, Methoden der Modellbildung in der Gesundheitssystemforschung. X, 378 Seiten. 1982.

Band 38: Arztgeheimnis – Datenbanken – Datenschutz. Arbeitstagung, Bad Homburg, 1982. Herausgegeben von P. L. Reichertz und W. Kilian. VIII, 224 Seiten. 1982.

Band 39: Ausbildung in der Medizinischen Informatik. Proceedings, 1982. Herausgegeben von P. L. Reichertz und P. Koeppe. VIII, 248 Seiten. 1982.

Band 40: Methoden der Statistik und Informatik in Epidemiologie und Diagnostik. Proceedings, 1982. Herausgegeben von J. Berger und K. H. Höhne. XI, 451 Seiten. 1983

Band 41: G. Heinrich, Bildverarbeitung von Computer-Tomogrammen zur Unterstützung der neuroradiologischen Diagnostik. VIII, 203 Seiten. 1983.

Band 42: K. Boehnke, Der Einfluß verschiedener Stichprobencharakteristika auf die Effizienz der parametrischen und nichtparametrischen Varianzanalyse. II, 6, 173 Seiten. 1983.

Band 43: W. Rehpenning, Multivariate Datenbeurteilung. IX, 89 Seiten. 1983.

Medizinische Informatik und Statistik

Herausgeber: S. Koller, P. L. Reichertz und K. Überla

43

# Wolfgang Rehpenning

# Multivariate Datenbeurteilung

Statistische Untersuchungen über krankheitsbedingte Lage- und Strukturveränderungen klinisch-chemischer Kenngrößen

Springer-Verlag Berlin Heidelberg GmbH

**Reihenherausgeber**
S. Koller  P. L. Reichertz  K. Überla

**Mitherausgeber**
J. Anderson  G. Goos  F. Gremy  H.-J. Jesdinsky  H.-J. Lange
B. Schneider  G. Segmüller  G. Wagner

**Autor**

Wolfgang Rehpenning
Institut für Mathematik und Datenverarbeitung in der Medizin, UKE
Pavillon 70, Martinistraße 52, 2000 Hamburg 20

ISBN 978-3-540-12680-5       ISBN 978-3-662-08894-4 (eBook)
DOI 10.1007/978-3-662-08894-4

Meinem Lehrer Hans Straßl gewidmet

VORWORT

Diese Arbeit entspricht, abgesehen von kleineren redaktionellen Änderungen, meiner der Medizinischen Fakultät der Universität HAMBURG vorgelegten Habilitationsschrift. Schon vor mehreren Jahren wurde ich von Laboratoriumsmedizinern mit der Frage konfrontiert, wie man die bei der Routinediagnostik anfallenden Datensätze von Patienten beurteilen muß, damit die Rate der falsch positiven wie auch der falsch negativen Entscheidungen möglichst klein gehalten wird. Eine genaue Analyse des Problems zeigte, daß hierzu der Einsatz multivariater statistischer Auswertungsmethoden unerläßlich ist. Wesentlich für die richtige Beurteilung eines Datensatzes ist die Kenntnis der korrelativen Abhängigkeit und der alters- und geschlechtsspezifischen Veränderungen dieser Werte bei gesunden Referenzpersonen.

Einleitend wird daher eine multivariable Prüfgröße zur Beurteilung der Datensätze vorgestellt, die alle im Labor gemessenen Werte berücksichtigt und die das Alter der Personen als Regressorvariable enthält. Diese Alterskorrektur erwies sich als notwendig, weil die Normbereiche vieler klinisch-chemischer Größen vom Lebensalter abhängen. Zur Herleitung der Prüfgröße wurde das Modell der multivariaten Normalverteilung zugrunde gelegt, das bei Referenzpersonen näherungsweise für viele Größen erfüllt ist. Diese Prüfgröße beinhaltet ein dem $T^2$ von HOTELLING analoges Abstandsmaß.

Anschließend wird durch Partitionen der Datensätze in Untermengen versucht, das Verhalten der Prüfgröße bei solchen Partitionen zu studieren. Es wird exemplarisch an ausgewählten Krankheiten gezeigt, wie krankheitsspezifische Muster aufgedeckt werden können, die man als abstrakte Syndrome deuten kann. Zur Berechnung solcher Muster wurde ein Konzept benutzt, das als Prinzip vom "kollektivkonformen Verhalten" formuliert wird.

Weil Krankheiten nicht nur eine Lageverschiebung in den Werten verursachen, sondern auch die Zusammenhangsverhältnisse in den Daten gegenüber Gesunden verändern, wird als nächstes die Struktur der Daten untersucht. Diesem Abschnitt wird eine Diskussion des Strukturbegriffes vorangestellt. Hierbei erwies sich der Begriff der "Entropie eines Datensatzes" als besonders nützlich. Die Strukturanalyse besteht in einer schrittweisen Vereinfachung der Datenstrukturen nach einem besonderen Schema, die mit einer notwendigen Zunahme der Entropie des jeweiligen Modelles verbunden ist. Die parameterspezifischen Entropiedifferenzen können in statistische Prüfgrößen umgesetzt werden, die eine statistische Signifikanzbeurteilung erlauben. Kollektivkonforme Verhaltensweisen und Strukturveränderungen können interessante Einblicke in die pathobiochemischen Mechanismen der Krankheiten vermitteln.

Ein wesentliches Anliegen dieser Arbeit ist es, eine Brücke zwischen dem theoretisch orientierten Statistiker und den an der praktischen Anwendung und Interpretation interessierten Medizinern zu schlagen. Für diese wichtige, nicht zu unterschätzende didaktische Aufgabe erscheint mir die Konstruktion von möglichst suggestiven, plastischen graphischen Darstellungen als eine gute Hilfe. Man darf sich aber angesichts der Anschaulichkeit der Darstellungen nicht darüber täuschen lassen, daß eine wirklich sachgerechte und richtige Deutung dieser Bilder noch eine schwierige Aufgabe darstellt, die nur in Zusammenarbeit mit geschulten Pathophysiologen bzw. Pathobiochemikern erfolgen kann, die über die notwendigen Kenntnisse der biochemischen Zusammenhänge verfügen.

Mein Dank gilt all denen, die am Zustandekommen dieser Arbeit mittelbar und unmittelbar geholfen haben, so den Herren Professoren K.D. VOIGT und K. HARM, den Herren Dozenten J.-D. RINGE, G.H. BÜTZOW und H.-J. KITSCHKE für die Überlassung der Daten von Referenzpersonen und Patienten. Herr Professor VOIGT hat mich darüber hinaus durch seine Fragen und kritischen Stellungnahmen mit den Problemen der Labormedizin und mit der Denkweise des Klinikers vertraut gemacht und die Arbeit sehr gefördert. Ihm gilt daher mein besonderer Dank. Herrn Professor H. DÖRKEN danke ich für seine Hilfe bei der medizinischen Beurteilung von Datensätzen, die zwar von anscheinend gesunden Personen stammten, sich aber bei der multivariaten Betrachtung als auffällig erwiesen. Herrn Professor K. BEHNEN verdanke ich viele kritische Diskussionsbemerkungen, die einige Ungenauigkeiten im theoretischen Teil der Arbeit vermeiden halfen. Herr Professor J. BERGER hat die Arbeit betreut und in jeder Weise gefördert. Durch viele kritische Bemerkungen und Vorschläge hat er zu ihrer Gestaltung beigetragen.

Schließlich möchte ich noch dem SPRINGER - VERLAG für die Drucklegung dieser Arbeit herzlich danken.

Hamburg, im Sommer 1983

Wolfgang Rehpenning

INHALTSVERZEICHNIS

## ERLÄUTERUNGEN DER ABKÜRZUNGEN UND SYMBOLE

SMA12/60, SMA 6 plus: Sequentielle Vielfachanalysatoren vom Typ "SMA12/60" und "SMA 6 plus" der Firma TECHNICON

KLINISCH - CHEMISCHE KENNGRÖSSE: Bezeichnung für gemessene Konzentrationen chemischer Substanzen im Blutserum

| | |
|---|---|
| A | Alter des Patienten |
| Na | Natrium |
| K | Kalium |
| Cl | Chlorid |
| GE | Gesamt - Eiweiß |
| Alb | Albumin |
| P | Anorganischer Phosphor |
| Chol | Cholesterin |
| H - N | Harnstoff - Stickstoff |
| Ca | Calcium |
| Kre | Kreatinin |
| Bil | Bilirubin |
| HS | Harnsäure |
| Fe | Eisen |
| Cu | Kupfer |
| Glu | Glukose |
| AP | Alkalische Phosphatase |
| Mg | Magnesium |
| SP | Saure Phosphatase |
| GOT | Glutamat - Oxalacetat - Transaminase |
| GPT | Glutamat - Pyruvat - Transaminase |
| $\gamma$ - GT | $\gamma$ - Glutamyl - Transpeptidase |

log     der natürliche Logarithmus zur Basis "e"

$\int$     Gebietsintegral. Der Integrationsbereich ist stets der gesamte Definitionsbereich der betrachteten Größen

$E(\underline{\varphi})$     Erwartungsvektor des Zufallsvektors $\underline{\varphi}$

$V(\underline{\varphi})$     Kovarianzmatrix des Zufallsvektors $\underline{\varphi}$

1.  EINLEITUNG

Die fortschreitende Automatisierung in der klinisch-chemischen Pro-
filanalytik führt nicht nur zu Problemen bei der Kontrolle und Verarbeitung der steigenden Datenmenge, sondern bringt auch Schwierigkeiten
mit sich bei der Interpretation der Meßwerte und der in ihnen enthal-
tenen Information.

Sind bei einem Patienten p Meßwerte $x_1, \ldots, x_p$ gemessen worden
und faßt man diese zu einem Datenvektor $(x_1, \ldots, x_p)$ zusammen, so
kann es vorkommen, daß einzelne dieser Merkmale außerhalb ihres Referenzbereiches liegen. Dies kann sowohl Ausdruck eines pathologischen
Prozesses sein als auch auf Zufallseffekten beruhen. Gesucht ist dann
eine Entscheidungshilfe für die Feststellung, ob eine beobachtete Wer-
tekonstellation auf einer echten Zufallsabweichung beruht, d.h. also
"falsch positiv" ist, oder ob diese Abweichung vom Referenzkollektiv
Ausdruck einer Erkrankung ist.

Aus diesem Zusammenhang heraus ergeben sich die folgenden grundsätzli-
chen Fragen:

1.  Wie sollte und kann man den Datenvektor eines Patienten erschöp-
    fend beurteilen?

2.  Welche strukturellen Zusammenhänge bestehen zwischen den verschie-
    denen Merkmalen?

3.  Wie stabil sind derartige Strukturen, d.h. welchen Effekt haben
    einzelne Erkrankungen auf die Abhängigkeiten der Merkmale unter-
    einander?

4.  Existieren krankheitsspezifische Typen in den Datenstrukturen?

5.  Wie lassen sich gefundene Unterschiede für die Diagnostik verwer-
    ten?

Üblicherweise definiert man die "Normalbereiche" für die einzelnen
Merkmale so, daß 95 Prozent der Werte eines geeigneten Referenzkollektives von "gesunden Personen" in diesen Bereichen liegen (Irrtumswahrscheinlichkeit $\alpha$ = 5%). Hat man bei einem Gesunden p Merkmale
gemessen, so kann man eine rohe Abschätzung für die Wahrscheinlichkeit
dafür, daß mindestens ein Befund außerhalb der Referenzbereiche liegt,

mittels der Binomialverteilung unter der Annahme der Unabhängigkeit angeben:

$$P(X > 0) = 1 - 0{,}95^p$$

Hiernach hätte zum Beispiel fast jeder zweite Gesunde bei einem Profil von zwölf Werten (SMA12/60) wenigstens einen positiven Wert. Dieser Anteil steigt offensichtlich mit der Anzahl der untersuchten Merkmale. Dies hat MURPHY zu der Bemerkung veranlaßt: "Gesund ist eine Person, die nicht genügend untersucht wurde" (1). Man vergleiche hierzu die Ausführungen von R. GROSS und H. E. WICHMANN (2).

Berücksichtigt man für feinere Abschätzungen die Korrelationen zwischen den Merkmalen, so kommt man zu dem Ergebnis, daß mit steigender Abhängigkeit der Merkmale untereinander der Anteil der Profile mit positiven Befunden geringfügig zurückgeht, dafür aber häufiger Profile vorkommen, in denen gleichzeitig drei oder mehr Werte falsch positiv sind (3). Dies stimmt auch recht gut mit den Beobachtungen überein (4).

Um die hier angedeuteten Schwierigkeiten zu umgehen, wurde von verschiedenen Seiten vorgeschlagen, zur Prüfung eines Datenvektors globale Testgrößen einzuführen, in die alle Merkmale eines Patienten gleichzeitig einbezogen werden (5,6,4,7). Soweit für die Daten modellmäßig eine multivariate Normalverteilung angenommen werden kann, beruhen diese Prüfgrößen alle auf einer Verwendung von HOTELLING'S $T^2$ (8,9). Weitere Beiträge hierzu findet man bei VAN EIMEREN (10).

Die Benutzung solcher multivariabler Prüfgrößen hat zwei wesentliche Vorteile. Zum ersten läßt sich die Anzahl der falsch positiven Entscheidungen drastisch auf ein kontrollierbares Maß reduzieren. Denn eine multivariable Prüfgröße prüft nicht die Merkmale einzeln, sondern alle gleichzeitig im Zusammenhang. Man wird hierzu den Begriff des "falsch positiven Wertes" ergänzen durch den Begriff des "falsch positiven Datensatzes". Hiernach ist ein Datensatz falsch positiv, wenn er von einer gesunden Person stammt und wenn trotzdem die benutzte Prüfgröße einen signifikant hohen Wert hat. Die Zahl der falsch positiven Datensätze beträgt dann theoretisch nur noch $\alpha$ Prozent, im oben angedeuteten Beispiel also nur noch fünf Prozent.

Der zweite wesentliche Vorteil der multivariablen Betrachtung liegt darin begründet, daß nunmehr auch scheinbar unauffällige Datensätze, bei denen alle Werte im jeweiligen Referenzbereich liegen, die aber nicht von Personen aus der Referenzpopulation stammen, durch diese Testgröße auffallen können. Wie groß dieser Effekt ist, der eine Reduktion des sogenannten Fehlers zweiter Art ("$\beta$ - Fehlers", d.h. das Nichterkennen einer Krankheit), bedeutet, hängt von der jeweiligen Krankheit und deren Schweregrad ab und kann nur empirisch bestimmt werden.

Ein Nachteil dieser globalen Prüfgrößen ist, wie bei allen globalen Maßzahlen, ihre Unspezifität, d.h. wenn die Prüfgröße oberhalb eines kritischen Wertes liegt, weiß man nicht, welches oder welche Merkmale diese Normabweichung verursachen und somit auch nicht, welche pathologische Veränderung vorliegt. Will man mit Hilfe des Datenvektors eines Patienten zwischen verschiedenen Krankheiten unterscheiden, so liegt ein Zuordnungsproblem vor, wie es für die Anwendung der DISKRIMINANZANALYSE typisch ist. Bei diesem Ansatz versucht man, ausgehend von gegebenen, wohldefinierten Krankheitsgruppen, eine Rechenvorschrift zu finden, die mit einer möglichst großen Wahrscheinlichkeit eine richtige Zuordnung eines Probanden zu einer der betrachteten Gruppen erlaubt.

Für die Anwendung der Diskriminanzanalyse muß vorausgesetzt werden, daß die Verteilungen der Patientendaten in den einzelnen Diagnosegruppen sich hinreichend gut durch multivariate Normalverteilungen darstellen lassen. Wenn man darüber hinaus annehmen kann, daß sich die einzelnen Populationen nur in den Lageparametern unterscheiden, jedoch eine gemeinsame Kovarianzstruktur besitzen, kommt man zu Ausdrücken für die Diskriminanzzahlen ("Diskriminanzfunktionen"), die alle Merkmale in linearer Form enthalten. Diese "lineare Diskriminanzanalyse" geht bereits auf R. A. FISHER zurück (11).

Im Fall signifikant ungleicher Kovarianzmatrizen in den einzelnen Patientengruppen kommt man durch Verallgemeinerung zur "quadratischen Diskriminanzanalyse", die auf WELCH (12) zurückgeht und die durch das Auftreten quadratischer Terme in den Diskriminanzfunktionen gekennzeichnet ist. Eine umfassende Übersicht über die Anwendungen der Diskriminanzanalyse zur Diagnoseunterstützung wurde von MICHAELIS gegeben (13). Dort werden auch Rechenprogramme zur Diskriminanzanalyse beschrieben und die verschiedenen Ansätze anhand ausgewählter Beispiele diskutiert.

Weil die Diskriminanzanalyse alle Merkmale eines Patienten zur Auswertung heranzieht, gehört sie zu den multivariaten Rechentechniken. Wenn die modellmäßigen Voraussetzungen hinreichend genau erfüllt sind und wenn die Konstellationen der Gruppen zueinander, bezogen auf die Kovarianzstruktur, günstig sind, kann die Diskriminanzanalyse sehr effizient sein und eine sehr wirksame Differenzierung zwischen den betrachteten Diagnosen erlauben (Einzelheiten hierzu bei MICHAELIS (13)). Die Diskriminanzanalyse muß dann versagen, wenn der Proband eine Krankheit hat, die nicht unter den in Betracht gezogenen Diagnosen vorkommt.

Die Effizienz der Diskriminanzanalyse wird besonders bei selteneren Krankheiten stark eingeschränkt, wenn die verschiedenen Diagnosegruppen unterschiedliche Kovarianzstrukturen haben, man also zur quadratischen Diskriminanzanalyse greifen muß, denn in diesem Fall läßt sich aus den Daten keine gemeinsame ("gepoolte") Kovarianzmatrix schätzen, sondern es müssen in den einzelnen Gruppen jeweils Kovarianzschätzungen durchgeführt werden, die wegen der kleineren Stichprobenumfänge entsprechend unsicherer sind. Die Auswirkung auf die Zuordnungsprozedur manifestiert sich in einer Erhöhung der Fehlklassifikationsrate.

Ein weiteres Hindernis für die Anwendung der Diskriminanzanalyse ist darin zu sehen, daß die Verteilungen der betrachteten Merkmale in den verschiedenen Patientenkollektiven in unterschiedlicher Weise mehr oder weniger stark von einer Normalverteilung abweichen. Zahlreiche Merkmale, die bei gesunden Personen recht gut einer Normalverteilung folgen, weisen bei bestimmten Krankheiten eine Linksgipfligkeit mit flachen Ausläufern im oberen Bereich auf. Es gelingt nicht, die hierdurch auftretenden Schwierigkeiten durch die Anwendung geeigneter Transformationen zu beheben, weil diese Transformationen ja auf alle Daten in gleicher Weise angewandt werden müßten, die unterschiedlichen Abweichungen von der Normalverteilung in den einzelnen Gruppen aber auch unterschiedliche Transformationen bedingen würden.

In den folgenden Kapiteln soll trotz der vorstehend geschilderten Schwierigkeiten versucht werden, den auf der Annahme einer multivariaten Normalverteilung beruhenden Ansatz weiter zu verfolgen. Hierbei werden die Ziele und Methoden von denen der Diskriminanzanalyse verschieden sein. Ausgangspunkt der Überlegungen ist die empirisch gewonnene Erkenntnis, daß die Verteilungen klinisch-chemischer Merkmale bei gesunden Personen noch am ehesten durch Normalverteilungen darstellbar sind (14). Eventuell muß man bei einigen Größen, (z.B. bei einigen Enzymen), eine logarithmische Transformation vorschalten, um optisch befriedigende Approximationen an Normalverteilungen in den

Randvariablen zu erhalten.

Es wird zunächst eine globale Testgröße abgeleitet, die die Abhängigkeit der Merkmale vom Alter der Person mitberücksichtigt und die an-
gibt, wie weit sich die betrachtete Person in den Merkmalen vom Referenzkollektiv unterscheidet. Ausgehend von zwei nach Geschlechtern ge-
trennten Referenzkollektiven, wird sodann das Verhalten dieser Prüfgröße bei ausgewählten Patientenkollektiven studiert. Insbesondere
werden Partitionen der Merkmale in Untermengen gebildet und das Verhalten der Prüfgröße untersucht.

Es schließt sich eine Untersuchung der Strukturen der durch die einzelnen Kollektive gebildeten Datenkörper an. Hierzu ist eine Diskussion des Strukturbegriffes erforderlich. Den Ausgangspunkt für diese
Überlegungen bildet der Begriff der "Entropie eines Datensatzes". Ein
Datensatz mit einer großen Entropie wird als strukturärmer angesehen
als ein Datensatz mit kleiner Entropie. Als Rechenverfahren zur Er-
mittlung der Struktur eines Datensatzes wird die auf A. P. DEMPSTER
zurückgehende KOVARIANZSELEKTION benutzt (15), für die von WERMUTH
und SCHEIDT Rechenprogramme angegeben wurden (16,17).

Bei den Merkmalen handelt es sich um gemessene Werte klinisch bedeut-
samer Substanzen im Blutserum der Patienten, die im folgenden als KLI-
NISCH - CHEMISCHE KENNGRÖSSEN bezeichnet werden.

## 2. DIE ERHEBUNG DES DATENKÖRPERS

### 2.1 ANALYTIK UND DATENERFASSUNG

Die folgenden Untersuchungen beziehen sich auf die klinisch-chemischen Kenngrößen, die bei gesunden und kranken Personen im Universitäts-Krankenhaus EPPENDORF gemessen wurden. Die Profile wurden mit einem TECHNICON Autoanalyzer SMA12/60 und mit einem Autoanalyzer SMA 6 plus erstellt. Zusätzlich wurden Bestimmungen der Enzyme GOT, GPT und $\gamma$-GT mit dem Gerät NETHELER HINZ 50/10 durchgeführt.

Bei den folgenden Kanälen wurden die im Handbuch des Herstellers (18) angegebenen Bestimmungsmethoden benutzt: Natrium, Kalium (Flammenphotometrie), Chlorid (Quecksilberthiocyanat-Methode), Gesamt-Eiweiß (Biuret-Reaktion), anorganischer Phosphor (Molybdänblau-Reaktion), Harnstoff-Stickstoff (Diacetylmonoxim-Reaktion), Calcium (Cresolphthalein-Methode), Kreatinin (Jaffé-Reaktion), Bilirubin (Azobilirubin-Reaktion nach Jendrassik und Gróf), Harnsäure (Phosphorwolframsäure-Methode). Die Bestimmung des Albumins erfolgte mit der Bromkresolgrün-Methode, die des Cholesterins mit der Cholesterinoxidase-Phenol-Aminophenazon-Methode.

Für die Bestimmung der Werte des Autoanalyzers SMA 6 plus wurden die folgenden Verfahren angewandt: Die Metalle wurden durch Farbreaktionen mit Farbkomplexen nachgewiesen: Eisen mit Bathophenanthrolinsulfonat, Kupfer mit Oxalyl-Dihydrazid und Magnesium mit Xylidylblau. Die alkalische und die saure Phosphatase wurden enzymatisch bestimmt und zwar mit den Substraten p-Nitrophenolphosphat bei einem pH-Wert von 10,25 bei $37,5^{\circ}$ C bzw. durch Hydrolyse von Phenolphosphat bei einem pH-Wert von 4,8 bei $37^{\circ}$ C. Die Werte der Enzyme GOT, GPT und $\gamma$-GT wurden mit der optimierten Standardmethode bestimmt (19).

Die gemessenen Werte wurden zunächst on-line mit Hilfe des TELEFUNKEN-Rechners TR 86 im Rahmen des EPPENDORFER Informations- und Analysesystems ELIAS (20) erfaßt. Danach wurden die Daten anhand der ausgedruckten Analysenprotokolle zur weiteren Verarbeitung auf Lochkarten übertragen. Hierdurch wurde sichergestellt, daß die Daten in anonymisierter Form ohne Personenbezug verrechnet werden konnten. Es wurde großer Wert darauf gelegt, daß nur solche Werte zur mathematischen Auswertung kamen, die bei einer Person jeweils zur gleichen Zeit erhoben worden waren, weil nur dann sinnvolle Korrelationen berechnet werden können.

Für ein Patientenkollektiv konnte auf eine beim  DEUTSCHEN ELEKTRONEN-SYNCHROTON (DESY) gespeicherte Datenbank zurückgegriffen werden.  Alle Bestimmungen wurden im Zentrallabor der Medizinischen Kliniken in  EPPENDORF  durchgeführt. Das hatte den großen Vorteil, daß keine zusätzlichen Schwierigkeiten hinsichtlich der  Vergleichbarkeit der Daten zu befürchten waren.


## 2.2   DIE REFERENZKOLLEKTIVE UND DAS PATIENTENGUT

Für die Auswertung und die Anwendung der mathematischen  Theorie standen die  Daten von zwei  Referenz- und sechs  Patientenkollektiven zur Verfügung.  Bei den Referenzpersonen handelte es sich um  1458  Personen,  die im Verlauf der normalen Einstellungs- und Überwachungsuntersuchungen in den  Jahren  1978  und  1979  zur  Beobachtung kamen  und die als nicht krank eingestuft wurden.  Die Referenzpersonen entstammten also dem Gesamtbereich der Universitätskliniken und der ihnen angegliederten Institute.


Weil  alters- und  geschlechtsspezifische Unterschiede beachtet werden mußten, konnten nur die Daten derjenigen  Personen ausgewertet werden, bei denen das Alter bekannt war. Außerdem wurden nur die Fälle berücksichtigt, bei denen entweder ein  SMA12 - Profil  oder ein  SMA 6 plus-Profil vollständig vorlag.  Eine weitere  Einschränkung ergab sich dadurch,  daß von manchen  Personen mehrmals Profile angefordert  worden waren.  In einem solchen Fall wurden nur die ersten Messungen zur Auswertung herangezogen.  Meistens war es aber so,  daß in einem Jahr ein SMA12/60 - Profil,  im nächsten Jahr ein  SMA 6 plus - Profil angefordert worden war.  Diese Fälle wurden mit eingeschlossen, weil die Daten jeweils nur einmal in die Rechnungen eingingen.


Da die  Referenzkollektive nach Möglichkeit aus  gesunden Personen zusammengesetzt sein sollten, mußten einige  Fälle aus medizinischen Erwägungen weggelassen werden. Eine genauere Untersuchung der Kollektive mit Hilfe der multivariaten Rechentechnik, die jedoch erst im methodischen Teil vorgestellt wird,  ergab nämlich in einigen Fällen signifikante Hinweise auf Abweichungen von der Norm.  Hier konnten in der Regel  Außenkriterien angegeben werden,  die ein Weglassen dieser Fälle nachträglich rechtfertigten. Solche Gründe waren u.a. Gravidität, Einnahme  bestimmter Medikamente,  Teilnahme an regelmäßiger Blutspende.

Es verblieben schließlich 252 Männer  und  436 Frauen mit vollständigen SMA12 - Profilen und 194 Männer bzw. 304 Frauen mit vollständigen SMA 6 plus - Profilen. Bei 171 Männern und 276 Frauen waren vollständige SMA 6 plus - Profile und gleichzeitig die Serumkonzentrationen der GOT, GPT und $\gamma$ - GT vorhanden. Das Alter der Referenzpersonen lag zwischen 18 und 65 Jahren, entsprechend ihrer Berufstätigkeit bzw. Arbeitsfähigkeit.

Die Patientenkollektive, deren Daten untersucht werden sollten, setzten sich wie folgt zusammen:

Aus der ersten Medizinischen Universitätsklinik stammen die Daten von 34 Männern und 67 Frauen mit primärem Hyperparathyreoidismus. Die Diagnose stützte sich auf anamnestische und klinische Befunde, Röntgenuntersuchungen und Knochenhistologie. Die Diagnose wurde in allen Fällen operativ bestätigt. Von allen Patienten lagen vollständige Profile zur Verfügung, die vor den operativen Maßnahmen erhoben worden waren. Das Alter der Männer lag zwischen 18 und 78 Jahren, das der Frauen zwischen 20 und 76 Jahren. Ausgewählt wurden nur solche Patienten, bei denen keine anderen schwereren Erkrankungen bekannt waren.

Ebenfalls aus der ersten Medizinischen Klinik stammen die Daten von 34 Männern und neun Frauen mit bioptisch nachgewiesener Leberzirrhose. Dabei waren von den Männern 33 vollständige Profile des SMA12/60 und 29 Profile des SMA 6 plus sowie die GOT-, GPT- und $\gamma$ - GT- Werte vorhanden. In fast allen Fällen lag eine alkoholische, sonst eine posthepatische Zirrhose vor. Wegen der geringen Fallzahl wurde kein Versuch unternommen, zwischen den Diagnosen zu differenzieren. Aus dem selben Grunde wurde auch auf eine statistische Auswertung der Patientinnendaten verzichtet. Die Patienten waren zwischen 29 und 71 Jahre alt.

Aus der Frauenklinik der Universität standen die Daten von 53 Frauen mit Mamma - Carcinomen zur Verfügung. Die Patientinnen waren mit dem Verdacht auf Brustkrebs in stationäre Behandlung gekommen und operiert worden. Hierbei wurde nicht nur die Diagnose sichergestellt, sondern es konnte auch nach unterschiedlichem Schweregrad differenziert werden (TNM - Klassifikation). Es zeigte sich, daß das Patientenkollektiv sehr inhomogen zusammengesetzt war, da die Diagnose von leichtem Befall bis zu schweren Metastasierungen reichte. Das Alter der Patientinnen lag zwischen 31 und 71 Jahren. So ergaben sich 53 Profile mit Werten des SMA12/60 und 39 mit Werten des SMA 6 plus sowie GOT-, GPT-

und $\gamma$-GT-Werten. Alle Werte waren vor der Operation gemessen worden.

Schließlich waren auf einer im DESY gespeicherten Datenbank SMA12/60-Profile von 42 Männern und 19 Frauen vorhanden, die mit Herzinfarkten auf der Intensivstation der Medizinischen Klinik behandelt worden waren. Das Alter der Männer lag zwischen 37 und 77 Jahren. Bei dieser Patientengruppe muß allerdings beachtet werden, daß die Profile nicht gleich nach der Einlieferung gemessen wurden, sondern erst im Laufe der ersten Woche erhoben wurden. Es ist daher möglich, daß sich die Werte durch die eingeleiteten klinischen Maßnahmen bereits geändert hatten. Dies ist bei der Interpretation der Ergebnisse zu berücksichtigen.

Während die Zusammenstellung der Patientenkollektive keine besonderen prinzipiellen Probleme aufwirft, ist die Rekrutierung der Referenzkollektive mit einer Reihe grundsätzlicher Fragen und Schwierigkeiten behaftet, die kurz angedeutet seien.

Die Patienten sollten so ausgewählt sein, daß neben der zu untersuchenden Krankheit keine weiteren Erkrankungen vorhanden sind ("reine Fälle"). Zudem sollte die Diagnose zweifelsfrei gesichert sein und zwar nach Möglichkeit nach Außenkriterien, d.h. daß die Diagnose sich nicht auf die Betrachtung der klinisch-chemischen Parameter verlassen darf, die hier untersucht werden sollen. Bei nicht zu seltenen Erkrankungen dürfte es nicht schwer fallen, diese Forderungen zu erfüllen.

Mit der Auswahl der Referenzkollektive hängt das Problem der Definition multivariater "Referenzbereiche" eng zusammen. Je nachdem, wie die Referenzpersonen ausgewählt werden, ändern sich auch die Grenzen, nach denen ein Proband als "gesund" oder "krank" eingestuft wird. Über diese Problematik ist viel geschrieben worden (5,6,7,21,22). Eigentlich müßte bei jeder Referenzperson genau überprüft werden, ob sie gesund oder krank ist. Das war bei den hier zugrunde gelegten Kollektiven nicht möglich. Hier sind vielmehr die offensichtlich kranken Personen ausgesondert worden und diejenigen nochmals überprüft worden, bei denen die mathematische Analyse signifikante Hinweise auf Abweichungen von der Norm erbrachte.

Das Eingehen auf diese Fragen soll hier nicht weiter vertieft werden, sondern es soll hier nur festgestellt werden, daß die Wahl der Referenzkollektive durchaus vorläufig und pragmatisch ist.

# 3.    DIE MATHEMATISCHEN AUSWERTUNGSMETHODEN

## 3.1    DAS MODELL DER MULTIVARIATEN NORMALVERTEILUNG

### 3.1.1    Eine quadratische Form als multivariables Abstandsmaß

Im folgenden wird angenommen, daß die Patientenwerte Stichproben darstellen, d.h. also unabhängige Realisierungen von Vektorgrößen mit einer Verteilung, die vom jeweiligen Patientenkollektiv abhängt. Es wurde bereits einleitend darauf hingewiesen, daß man nicht davon ausgehen kann, daß die Verteilungen zur Familie der multivariaten Normalverteilungen gehören. Empirisch hat sich jedoch gezeigt, daß die Randverteilungen der Werte bei gesunden Personen noch am ehesten appoximativ durch Normalverteilungen beschrieben werden können (14), wobei jedoch in der Regel die Enzymwerte zuvor einer einfachen, monotonen, normalisierenden Transformation unterzogen werden müssen. Daher soll des weiteren das Modell der multivariaten Normalverteilung bei den Referenzkollektiven vorausgesetzt werden. Eine notwendige Voraussetzung für die Zulässigkeit dieser Modellannahmen ist es, daß die Zusammenhänge zwischen den verschiedenen Größen monoton sind. Dies kann am besten durch Inspektion der graphisch dargestellten Daten überprüft werden.

Liegen für jede Person neben dem Alter noch $p$ Meßwerte klinisch-chemischer Kenngrößen vor, so bilden diese Werte, mathematisch gesehen, einen Datenvektor, der für jede Person einen Punkt im $p+1$ - dimensionalen Vektorraum $R^{p+1}$ darstellt. Es gilt nun, festzustellen, welcher Bereich dieses Raumes von den Personen des Referenzkollektives und welcher von denen der Patientenkollektive eingenommen wird.

Zunächst seien einige Bezeichnungen eingeführt. Das Alter einer Person sei mit $x_o$ bezeichnet, die gemessenen klinisch-chemischen Kenngrößen mit $x_1, \ldots, x_p$. Dann bilden diese Werte einen Vektor $\overset{\circ}{x}$ mit:

$$\overset{\circ}{x} = \begin{pmatrix} x_o \\ x_1 \\ \cdot \\ \cdot \\ x_p \end{pmatrix}$$

Der Vektor der Erwartungswerte mit $\mu_i = E(x_i)$ sei mit $\overset{\circ}{\mu}$ bezeichnet. Der zu $\overset{\circ}{\mu}$ transponierte Vektor sei mit $\overset{\circ}{\mu}{}'$ bezeichnet. Die

Abhängigkeiten der Werte untereinander drücken sich in der Kovarianzstruktur aus. Die Kovarianzen sind mathematisch gegeben durch die Er-
wartungswerte $E((\overset{o}{\chi} - \overset{o}{\mu})(\overset{o}{\chi} - \overset{o}{\mu})')$. Die Matrix der Kovarianzen
wird mit $\overset{o}{\Sigma}$ bezeichnet, also:

$$\overset{o}{\Sigma} = \begin{pmatrix} \sigma_{oo} & \sigma_{o1} & \cdots & \sigma_{op} \\ \cdot & & & \cdot \\ \cdot & & & \cdot \\ \cdot & & & \cdot \\ \sigma_{po} & \sigma_{p1} & \cdots & \sigma_{pp} \end{pmatrix}$$

Die Kovarianzmatrix ist eine symmetrische Matrix, daher gilt für die
Kovarianzen: $\sigma_{ij} = \sigma_{ji}$. Die Varianzen $\sigma_{ii}$ und die Kovarianzen
$\sigma_{ij}$ hängen natürlich vom jeweiligen Referenzkollektiv ab. Die Determinante der Kovarianzmatrix wird mit $\det(\overset{o}{\Sigma})$ bezeichnet, die Inverse
der Kovarianzmatrix wird mit $\overset{o}{\Sigma}^{-1}$ bezeichnet.

Die Wahrscheinlichkeitsdichte $\varphi(x_o, x_1, \ldots, x_p)$ für einen Vektor $\overset{o}{\chi}$
läßt sich dann unter der Annahme einer multivariaten Normalverteilung
für das Referenzkollektiv schreiben:

$$(\overset{o}{\chi}) = \frac{1}{\sqrt{(2\pi)^{p+1}\det(\overset{o}{\Sigma})}} \exp(-\frac{1}{2}\overset{o}{Q}(\overset{o}{\chi})) \tag{1}$$

Hierbei ist $\overset{o}{Q}(\overset{o}{\chi})$ die quadratische Form:

$$\overset{o}{Q}(\overset{o}{\chi}) = (\overset{o}{\chi} - \overset{o}{\mu})' \overset{o}{\Sigma}^{-1} (\overset{o}{\chi} - \overset{o}{\mu}) \tag{2}$$

Will man anhand eines Meßvektors $\overset{o}{\chi}$ den Abstand eines Probanden vom
altersspezifischen Mittelwertsvektor des Referenzkollektivs bestimmen,
so muß man die bedingte Verteilung der Meßwerte $\chi$ bei festgehaltenem
Alter $x_o$ betrachten. Die bedingte Wahrscheinlichkeitsdichte läßt
sich erhalten, wenn man die Kovarianzmatrix geeignet zerlegt:

$$\overset{o}{\Sigma} = \begin{pmatrix} \sigma_{oo} & \cdots & \sigma_{op} \\ \cdot & & \cdot \\ \cdot & & \cdot \\ \cdot & & \cdot \\ \sigma_{po} & \cdots & \sigma_{pp} \end{pmatrix} = \begin{pmatrix} \sigma_{oo} & \beta' \\ \beta & \Sigma \end{pmatrix}$$

Dabei sei $\beta' = (\sigma_{o1}, \ldots, \sigma_{op})$ der Vektor der Kovarianzen zwischen dem Alter und den klinisch-chemischen Kenngrößen. $\Sigma$ ist dann die Matrix der Kovarianzen der klinischen Größen untereinander ohne Berücksichtigung des Alters $x_o$. Die bedingte Wahrscheinlichkeitsdichte läßt sich dann schreiben als:

$$\varphi(x_1, \ldots, x_p | x_o) = \frac{1}{\sqrt{(2\pi)^p \det(\Gamma)}} \exp\left(-\frac{1}{2} Q(\varphi)\right) \tag{3}$$

Hierbei ist $Q(\varphi)$ die quadratische Form:

$$Q(\varphi) = (\varphi - \eta)' \Gamma^{-1} (\varphi - \eta) \tag{4}$$

mit $\varphi = (x_1, \ldots, x_p)'$, d.h. $\varphi$ ist der Meßvektor ohne das Alter $x_o$ und $\mu = (\mu_1, \ldots, \mu_p)'$ der Vektor der entsprechenden Erwartungswerte. Die Matrix $\Gamma$ ist die vom Alterseinfluß bereinigte Kovarianzmatrix, die gegeben ist durch die Gleichung:

$$\Gamma = \Sigma - \alpha \alpha' / \sigma_{oo} \tag{5}$$

$\eta$ ist der Regressionsvektor:

$$\eta = \mu + (x_o - \mu_o) \beta / \sigma_{oo} \tag{6}$$

Es ergibt sich also eine $p$-dimensionale Normalverteilung mit dem Alter $x_o$ als Regressorvariablen und der Matrix $\Gamma$ als (vom Alter unabhängiger) Kovarianzmatrix (9). Der Regressionsvektor (Gl. 6) besteht aus $p$ Komponenten, von denen die $i$-te sich schreiben läßt:

$$y_i = \mu_i + (x_o - \mu_o) \sigma_{oi} / \sigma_{oo} \tag{7}$$

für $i = 1, \ldots, p$.

Es ist bekannt, daß die quadratische Form $Q$ eine $\chi^2$-Verteilung mit $p$ Freiheitsgraden besitzt, wenn man bei festem Alter $x_o$ Stichprobenwerte einsetzt und wenn die Erwartungswerte und die Kovarianzmatrix bekannt sind.

In den folgenden Anwendungen werden diese Größen durch die üblichen Stichprobenschätzungen aus dem gegebenen Referenzkollektiv ersetzt. Daraus ergeben sich dann Möglichkeiten, Patientendaten auf Abweichungen vom Referenzkollektiv zu prüfen. Hierzu sind jedoch zusätzliche Überlegungen erforderlich, auf die im übernächsten Paragraphen näher eingegangen wird (siehe § 3.1.3).

Im univariaten Fall ist der oben skizzierte Gedankengang anschaulich nachvollziehbar und führt auf die bekannten, von Hyperbeln berandeten PROGNOSEGEBIETE um die Regressionsgeraden, die eine Beurteilung der einzelnen Werte erlauben (23).


## 3.1.2 DIE UNIVARIATE PRÜFUNG DER PATIENTENDATEN

Für verschiedene medizinische Fragestellungen kann es notwendig sein, gezielt einzelne Kenngrößen eines Patienten auf Abweichungen von der Norm zu prüfen, ohne Rücksicht auf das Verhalten der anderen Größen zu nehmen. Will man entscheiden, ob die i - te Komponente $x_i$ bei einem Patienten des Alters $x_o$ vom altersspezifischen Mittelwert der Referenzpopulation abweicht, so muß man von der entsprechenden Regressionsgleichung (Gl. 7) ausgehen, in der die unbekannten Parameter durch ihre Stichprobenschätzungen ersetzt werden. Ist n der Stichprobenumfang, so erhält man folgende Schätzung für die Regressionsgleichungen:

$$\hat{y}_i = \bar{x}_i + b_{oi}(x_o - \bar{x}_o) \tag{8}$$

mit $b_{oi} = s_{oi}/s_{oo}$. Es läßt sich zeigen (vergl. N. R. DRAPER und SMITH (24), p.22), daß die Varianz der Regressionsschätzung $\hat{y}_i$ bei festem Alter $x_o$ durch den Ausdruck gegeben ist:

$$Var(\hat{y}_i) = (\frac{1}{n} + (x_o - \bar{x}_o)^2/((n-1)s_{oo}))s_i^2 \tag{9}$$

Hierbei bezeichnet $s_i^2$ die geschätzte Varianz der Größe $x_i$ um die Regression und diese ist durch (Gl. 5) bestimmt zu:

$$s_i^2 = s_{ii} - s_{oi}^2/s_{oo}$$

Für die Abweichung $x_i - \hat{y}_i$ einer unabhängigen Einzelbeobachtung von der geschätzten Regression gilt:

$$Var(x_i - \hat{y}_i) = (\frac{n+1}{n} + (x_o - \bar{x}_o)^2/((n-1)s_{oo}))s_i^2 \tag{10}$$

Das letztere folgt aus $Var(x_i - \hat{y}_i) = s_i^2 + Var(\hat{y}_i)$.

Die (Gl. 10) erlaubt es, die Abweichung eines Einzelwertes $x_i$ von der geschätzten Regression $\hat{y}_i$ mit Hilfe der t-Verteilung zu beurteilen. Setzt man nämlich zur Abkürzung:

$$B(n)^2 \;=\; \frac{n+1}{n} \;+\; (x_o - \bar{x}_o)^2/((n-1)s_{oo}) \tag{11}$$

so läßt sich zeigen, daß dann die Größe:

$$t \;=\; \frac{x_i - \hat{y}_i}{B(n)s_i} \tag{12}$$

einer t-Verteilung mit n-2 Freiheitsgraden genügt (DRAPER und SMITH (24)). Konstruiert man mit Hilfe dieser Testgröße einen Konfidenzgürtel um die Regressionsgerade, so ergibt sich ein von Hyperbeln begrenztes Band, das an den Enden breiter ist als in der Mitte. Dies trägt der Tatsache Rechnung, daß die Werte auf der geschätzten Regression für kleine bzw. für große Werte von $x_o$ unsicherer sind als für mittlere Werte.

Wenn eine Abhängigkeit der Werte vom Alter besteht, ist der Test nach (Gl. 12) schärfer, (d.h. hat einen kleineren Fehler zweiter Art),als wenn man, wie bei univariater Betrachtung sonst üblich, die Prüfgröße nach der Formel berechnet hätte:

$$t \;=\; \frac{x_i - \hat{y}_i}{\sqrt{s_{ii}}}$$

Anstatt (Gl. 12) zur Prüfung der Einzelwerte zu benutzen, hätte man auch das Quadrat bilden können:

$$v^2 \;=\; t^2 \;=\; (x_i - \hat{y}_i)^2/(B(n)^2 s_i^{\,2}), \tag{13}$$

das approximativ $\chi^2$-verteilt ist mit einem Freiheitsgrad.

### 3.1.3 EINE MULTIVARIABLE TESTGRÖSSE ZUR PRÜFUNG DER PATIENTENDATEN

Während im letzten Paragraphen die univariate Prüfung der Einzelwerte unter Berücksichtigung der Altersregression behandelt wurde, soll nun der Gedankengang des § 3.1.1 wieder aufgenommen und eine Prüfgröße abgeleitet werden, die alle Werte des Probanden enthält.

Betrachtet man, wie in § 3.1.1 ausgeführt, nicht jeden einzelnen Wert für sich, sondern geht von dem Meßvektor $\overset{o}{\mathcal{y}} = (x_o, x_1, \ldots, x_p)'$ aus, so ist der Alterseinfluß auf alle Größen gemäß der vektoriellen Regressionsgleichung (Gl. 6) herauszurechnen. Ersetzt man die unbekannten Parameter in (Gl. 6) durch ihre Stichprobenschätzungen, dann lautet die Regressionsgleichung mit dem Alter als Regressorvariablen in vektorieller Schreibweise:

$$\hat{\mathcal{y}} = \bar{\mathcal{y}} + \mathcal{b}(x_o - \bar{x}_o) \tag{14}$$

Hierbei ist $\mathcal{b}$ der Vektor der Regressionskoeffizienten, für die gilt: $b_{oi} = s_{oi}/s_{oo}$. Für die Entscheidung, ob eine Person mit gegebenem Meßvektor $\mathcal{y}$ mehr als zufällig von dem geschätzten Erwartungsvektor abweicht, ist es notwendig, die Kovarianzstruktur $V(\hat{\mathcal{y}})$ des Vektors $\hat{\mathcal{y}}$ zu betrachten. Die Berechnung dieser Kovarianzstruktur ergibt sich aus den folgenden Überlegungen:

a) Die Variabilität des Vektors $\hat{\mathcal{y}}$ setzt sich aus zwei Bestandteilen, der Variabilität von $\bar{\mathcal{y}}$ und der Variabilität von $\mathcal{b}$ zusammen, weil diese beiden Vektoren lineare Stichprobenfunktionen darstellen.

b) Die Vektoren $\bar{\mathcal{y}}$ und $\mathcal{b}$ sind voneinander unabhängig. Betrachtet man nämlich die Regressionskoeffizienten als Stichprobenfunktionen:

$$b_{oi} = \frac{\sum_{j=1}^{n}(x_o^{(j)} - \bar{x}_o)\, x_i^{(j)}}{\sum_{j=1}^{n}(x_o^{(j)} - \bar{x}_o)^2} \tag{15}$$

$(i = 1, \ldots, p;\quad j = 1, \ldots, n;\quad n = \text{Stichprobenumfang})$,

so sieht man, daß man die Regressionsgleichungen (Gl. 14) schreiben kann:

$$\hat{y} \;=\; \sum_{j=1}^{n} \left(\frac{1}{n} + c_j\right) \varphi^{(j)} \tag{16}$$

Dabei sind die $c_j$ feste Zahlen, für die gilt:

$$\sum_{j=1}^{n} c_j \;=\; 0 \tag{17}$$

Bezeichnet $V$ den Kovarianzoperator, so folgt aus (Gl. 16) die Matrizengleichung:

$$V(\hat{y}) \;=\; \sum_{j=1}^{n} \left(\frac{1}{n} + c_j\right)^2 V(\varphi)$$

Multipliziert man den Klammerausdruck aus und berücksichtigt die (Gl. 17), so ergibt sich die einfache Beziehung:

$$V(\hat{y}) \;=\; \left[\frac{1}{n} + \frac{(x_o - \bar{x}_o)^2}{\sum\limits_{j=1}^{n}(x_o^{(j)} - \bar{x}_o)^2}\right] V(\varphi)$$

Berücksichtigt man noch, daß die Summe im Nenner mit $(n-1)s_{oo}$ identisch ist, so erhält man schließlich:

$$V(\hat{y}) \;=\; \left[\frac{1}{n} + \frac{(x_o - \bar{x}_o)^2}{(n-1)s_{oo}}\right] V(\varphi) \tag{18}$$

Somit ergibt sich eine einfache Darstellung für die Kovarianzstruktur der Regression $\hat{y}$. Weil die rechte Seite von (Gl. 18), wie man leicht nachrechnet, außerdem gleich $V(\bar{\varphi}) + K\, V(b)$ ist mit $K = (x_o - \bar{x}_o)^2$, ergibt sich in Verbindung mit (Gl. 14) ein einfacher Beweis für die Unabhängigkeit von $\bar{\varphi}$ und $b$.

c)  Die Kovarianzstruktur bezieht sich auf feste Werte von $x_o$, ist also durch (Gl. 5) gegeben (Variabilität um die Regression).

Für die Abweichung von Einzelwerten $\varphi$ von der Regression ergibt sich in Analogie zu (Gl. 10):

$$V(\varphi - \hat{\eta}) \;=\; V(\varphi) \;+\; V(\hat{\eta}) \;=\; B(n)^2 V(\varphi) \tag{19}$$

mit $B(n)^2$ nach (Gl. 11). Mit dieser Beziehung ist es nun möglich, den Meßwertsvektor eines Probanden auf signifikante Abweichungen von der Regressionsgeraden (Gl. 14) zu prüfen, nachdem man die Kovarianzstruktur $V(\varphi)$ nach (Gl. 5) aus den Stichprobengrößen geschätzt hat. Bezeichnet man die so geschätzte Kovarianzmatrix mit $G$, so bildet man mit dem Patientenvektor $\varphi$ gemäß (Gl. 4) die quadratische Form:

$$Q'(\varphi) \;=\; (\varphi - \hat{\eta})' \, G^{-1} \, (\varphi - \hat{\eta}) \tag{20}$$

Es ist bekannt, daß eine solche quadratische Form einer $F$-Verteilung mit $p$ und $n-p$ Freiheitsgraden folgen würde, wenn keine Regression vorhanden wäre. Aus (Gl. 19) ergibt sich noch, daß $Q'$ um den Faktor $B(n)^2$ aus (Gl. 11) normiert werden muß. Bildet man daher die Prüfgröße:

$$v^2 \;=\; Q'(\varphi) / B(n)^2 \tag{21}$$

oder ausgeschrieben:

$$v^2 \;=\; (\varphi - \hat{\eta})' \, G^{-1} \, (\varphi - \hat{\eta}) / B(n)^2$$

so ist $v^2$ eine normierte positiv definite quadratische Form. In der praktischen Anwendung ist es so, daß die Parameter aus dem Referenzkollektiv geschätzt werden, dann aber festgehalten werden. Daher ist $v^2$ verteilt nach einer nichtzentralen $\chi^2$-Verteilung mit $p$ Freiheitsgraden und einem Nichtzentralitätsparameter, der davon abhängt, wie weit sich die Schätzungen von den wahren Werten entfernen. Man vergleiche hierzu die Ausführungen bei F. A. GRAYBILL (25) über die Verteilungen quadratischer Formen. Auf jeden Fall wird der Nichtzentralitätsparameter umso kleiner, je größer das Referenzkollektiv ist, da die Schätzungen gegen die Erwartungswerte konvergieren. Im folgenden wird daher vorausgesetzt, daß das zur Schätzung von $\Gamma$ und $Q'$ benutzte Referenzkollektiv so groß ist, daß der Nichtzentralitätsparameter vernachlässigt werden kann und die Verteilung der Testgröße $v^2$ einer zentralen $\chi^2$-Verteilung mit $p$ Freiheitsgraden folgt.

Es sei noch einmal auf die Analogie zu (Gl. 13) hingewiesen, die die Testgröße $V^2$ als natürliche Verallgemeinerung der dort benutzten Testgröße zur Prüfung einzelner Werte erscheinen läßt. Konstruiert man wie dort um die Regressionsgerade einen Konfidentbereich (mehrdimensionales Prognosegebiet) mit einer bestimmten Überdeckungswahrscheinlichkeit, so ergibt sich ein Schlauch mit elliptischem Querschnitt um die Regressionsgerade (Gl. 14), der durch ein Hyperboloid berandet ist und der ebenfalls an den Rändern weiter geöffnet ist als im mittleren Bereich der Regressorvariablen $x_o$.

Es ist nicht notwendig, alle bei einem Patienten gemessenen Kenngrößen für die Berechnung der Testgröße $V^2$ zu verwenden. Es kann im Gegenteil vorteilhaft sein, aus den Kenngrößen eine geeignete Auswahl zu treffen, die für eine bestimmte Krankheit besonders typisch ist. Ein Ziel der folgenden Untersuchungen ist es, anhand der vorgegebenen Patientenkollektive das Verhalten der Prüfgröße $V^2$ für Untermengen der klinisch-chemischen Kenngrößen zu studieren. Danach ist es möglich, zu entscheiden, ob aus solchen Untermengen besonders empfindliche und spezifische Testgrößen konstruiert werden können.

## 3.1.4  EMPIRISCHE ÜBERPRÜFUNG DER MODELLANNAHMEN

Die empirische Verteilung der Testgröße $V^2$ bei den Referenzkollektiven soll des weiteren dazu verwendet werden, einen indirekten Test für die Zulässigkeit der Modellannahmen zu gewinnen. Hierzu wird die Größe $V^2$ bei den Referenzpersonen bestimmt und ihre empirische Verteilung mit der theoretischen $\chi^2$-Verteilung verglichen. Für die Schätzung der Dichte der $V^2$-Verteilung wird nicht die übliche Darstellung in Form von Histogrammen gewählt, sondern es werden KERNSCHÄTZUNGEN mit Hilfe normalverteilter Kerne benutzt (26).

Ist $n$ die Anzahl der Referenzpersonen und sind $V_i^2$ die berechneten Werte von $V^2$ ($i = 1, \ldots, n$), so wird die Dichteschätzung vorgenommen nach der Formel:

$$f(x) \;=\; \frac{1}{n} \sum_{j=1}^{n} \frac{A}{\sqrt{2\pi}} \, \exp\left( -\frac{1}{2} A^2 (x - V_i^2)^2 \right) \qquad (22)$$

Es werden also um jeden berechneten Wert $V_i^2$ kleine Normalverteilungsdichten gelegt, deren Beiträge aufsummiert werden und deren Summe

dann die Dichteschätzung ergibt. Für eine brauchbare Darstellung hat
es sich bei den hier benutzten Daten als sinnvoll herausgestellt, die
frei wählbare Konstante A so zu setzen: A = B log(n). In diesem
Fall brauchte die Konstante B nur noch etwa in dem Intervall (1,6)
variiert zu werden, damit befriedigende Darstellungen für die Dichten
resultierten.

Der Ansatz nach (Gl. 22) hat gegenüber der Histogrammdarstellung den
großen Vorteil, daß keine Abhängigkeit von den bei Histogrammen notwendigen Klasseneinteilungen mehr besteht und es somit zu keiner Ver-
fälschung durch die Wahl von Reduktionslage und Klassenbreite kommen
kann.


## 3.2 ALGORITHMEN FÜR DIE DATENAUSWERTUNG

### 3.2.1 EIN RECHENPROGRAMM ZUR DURCHFÜHRUNG DER RECHNUNGEN

Für die reale Datenauswertung sind umfangreiche Matrizenoperationen
notwendig, die den Einsatz einer Großrechenanlage erforderlich machen.
Daher wurde ein in FORTRAN geschriebenes Programm für die Durchführung
der Rechnungen entwickelt, mit dessen Hilfe die Auswertungen auf dem
Großrechner TR440 des Rechenzentrums der Universität Hamburg durchgeführt wurden.

Das Rechenprogramm wurde von der Konzeption her dazu entwickelt, ein
Patientenkollektiv mit einem als gesund angenommenen Referenzkollektiv
zu vergleichen. Weil die Personendaten jedesmal in den Rechner neu
eingelesen werden, sind die Kollektive ohne weiteres austauschbar. Das
bedeutet nicht nur, daß die Referenzkollektive jederzeit aktualisiert
werden können, sondern auch, daß die Untersuchungen ebenso für andere
klinische Kenngrößen durchgeführt werden können, wenn Referenzwerte
zur Verfügung stehen.

Das Programm eignet sich auch dazu, die Werte eines Patienten auf Abweichung von der Norm zu prüfen. Die Arbeitsweise des Rechenprogramms
sei an einem Beispiel veranschaulicht. In der TABELLE 1 sind fik-
tive Daten von acht Männern verschiedenen Alters für vier Kanäle des
Aotoanalyzers SMA12/60 mit ihrer Auswertung präsentiert. Die erste
Zeile enthält jeweils die angenommenen Meßwerte, in der zweiten Zeile
sind die auf ein gemeinsames Alter umgerechneten Schätzungen und in
der dritten Zeile die für die Beurteilung der Einzelgrößen bedeutsamen

TABELLE 1

Ein Beispiel für die Beurteilung klinischer Daten mit der Prüfgröße $v^2$

| Alter<br>(Jahre) | Chlorid<br>(mmol/l) | Ges.-Eiweiß<br>(g/l) | Albumin<br>(g/l) | Calcium<br>(mmol/l) | $v^2$ | |
|---|---|---|---|---|---|---|
| 25 | 108,00 | 65,30 | 41,80 | 2,30 | | |
|    | 108,29 | 64,15 | 40,48 | 2,27 | | |
|    | 1,16 | -2,09 + | -2,43 + | -1,30 | 7,52 | |
| 46 | 102,80 | 65,20 | 50,10 | 2,32 | | |
|    | 102,61 | 65,94 | 50,95 | 2,34 | | |
|    | -1,39 | -1,63 | 2,20 + | -1,24 | 29,20 | !! |
| 27 | 101,90 | 78,60 | 41,90 | 2,28 | | |
|    | 102,14 | 77,63 | 40,78 | 2,26 | | |
|    | -1,60 | 1,41 | -2,30 + | -2,07 + | 22,21 | ! |
| 26 | 109,70 | 79,20 | 41,80 | 2,61 | | |
|    | 109,97 | 78,14 | 40,58 | 2,59 | | |
|    | 1,91 | 1,54 | -2,38 + | 1,39 | 35,08 | !! |
| 44 | 108,10 | 66,40 | 43,00 | 2,63 | | |
|    | 107,96 | 66,96 | 43,65 | 2,64 | | |
|    | 1,01 | -1,36 | -1,03 | 1,99 | 16,78 | ++ |
| 29 | 101,40 | 64,90 | 49,90 | 2,60 | | |
|    | 101,60 | 64,11 | 48,99 | 2,58 | | |
|    | -1,84 | -2,11 + | 1,33 | 1,35 | 23,28 | ! |
| 30 | 107,00 | 66,40 | 48,60 | 2,59 | | |
|    | 107,18 | 65,70 | 48,99 | 2,57 | | |
|    | 0,66 | -1,69 | 0,80 | 1,27 | 11,20 | + |
| 38 | 107,80 | 79,20 | 49,50 | 2,56 | | |
|    | 107,79 | 79,22 | 49,52 | 2,56 | | |
|    | 0,94 | 1,83 | 1,57 | 1,27 | 5,23 | |

Die erste Zeile enthält jeweils die Meßwerte, die zweite die alters-
korrigierten Werte. Die dritte Zeile enthält die univariate Prüfgröße
t und die Prüfgröße $v^2$. Durch verschiedene Symbole sind die unterschiedlichen Signifikanzen gekennzeichnet (p = 5%, 1%, 0,1% und 0,01%)

t – Werte sowie die globale Testgröße $V^2$ angegeben. Obwohl in diesem Beispiel alle Einzelwerte ungefähr in oder an den Grenzen der jeweiligen Referenzbereiche liegen, kommt es zu völlig verschiedenen Beurteilungen der Datensätze. Wie man sieht, erscheinen nur der erste und der letzte Datensatz unauffällig, alle anderen sind als teilweise hochpathologisch anzusehen. Dies liegt, wie bereits angedeutet, daran, daß die Konstellationen der Werte zueinander den physiologischen Korrelationen bei gesunden Personen zuwiderlaufen.

Das Rechenprogramm eignet sich außerdem dazu, das Referenzkollektiv durch ein anderes Patientenkollektiv zu ersetzen und ermöglicht somit einen direkten Vergleich zwischen verschiedenen Patientenkollektiven. Im Prinzip wird dann eine quadratische Diskriminanzanalyse durchgeführt, nur mit dem Unterschied zur herkömmlichen Diskriminanzanalyse, daß die Altersabhängigkeit der klinischen Größen in den einzelnen Kollektiven berücksichtigt wird. Bei der Interpretation der Ergebnisse muß hierbei jedoch besonders beachtet werden, daß die Normalverteilungsannahmen verletzt sein können.


## 3.2.2. MUSTERERKENNUNG BEI KOLLEKTIVEN MIT DEFINIERTEN KRANKHEITEN

Liegt ein Kollektiv von Patienten vor, die alle die gleiche Krankheit haben, so kann man versuchen, festzustellen, worin sich das Patientenkollektiv als ganzes vom Referenzkollektiv unterscheidet. Zeigen alle diese Patienten dieselben Abweichungen vom Referenzkollektiv, so wird man ein solches Verhalten als ein "krankheitsspezifisches Muster" ansehen. Zu solchen Mustern kommt man auch durch das Konzept von einem KOLLEKTIVKONFORMEN VERHALTEN von Patienten. Wir wollen sagen, ein Patient verhalte sich in Bezug auf ein Merkmal "kollektivkonform", wenn die Abweichung dieses Wertes vom geschätzten altersspezifischen Erwartungswert in der gleichen Richtung liegt wie die des Mittelwertes des Patientenkollektives. So verhält sich etwa ein Patient mit Leberzirrhose in Bezug auf das Albumin kollektivkonform, wenn dieser Wert erniedrigt ist, weil die Leberzirrhotiker im Mittel einen erniedrigten Albuminwert haben. Durch das Betrachten solcher Verhaltensweisen kann man Hinweise darauf bekommen, welche klinisch – chemischen Kenngrößen bzw. Kombinationen von solchen für die jeweilige Krankheit von besonderer Bedeutung sind. Zum Auffinden solcher Muster wird die folgende Strategie eingeschlagen:

1. Die Meßvektoren der Patienten werden fallweise eingelesen und mit

Hilfe der Regressionsgleichungen (Gl. 14) auf das mittlere Alter der Referenzpersonen umgerechnet und ausgedruckt.

2. Die Werte werden einzeln auf Abweichung vom altersspezifischen Erwartungswert geprüft durch die Berechnung der univariaten Prüfgröße t unter Berücksichtigung des Vorzeichens nach (Gl. 12). Die t-Werte werden dann ausgedruckt und durch besondere Symbole gekennzeichnet, wenn sie das $(1 - \alpha)$ - Quantil der t-Verteilung überschreiten ($\alpha$ = 5%, 1% und 0,1%).

3. Die durch die einzelnen t-Werte erfaßten Abweichungen der Kenngrößen von ihren geschätzten Erwartungswerten werden über alle Patienten gemittelt. Diese Mittelwerte werden am Schluß ausgedruckt. Dadurch kann man auf einfache Weise feststellen, in welchen Kenngrößen das Patientenkollektiv von dem Referenzkollektiv im Mittel abweicht.

4. Es wird geprüft, ob die Abweichungen der Einzelwerte jedes Patienten vom Erwartungswert in der gleichen Richtung liegen, d.h. ob sie sich kollektivkonform verhalten. Abschließend wird für jede Kenngröße in Prozent angegeben, wieviele Patienten ein kollektivkonformes Verhalten zeigen.

5. Wird eine Zahl q vorgegeben mit $0 < q \leq \min(6,p)$, so werden alle $\binom{p}{q}$ Kombinationen von je q aus den p Kenngrößen gebildet und die zugehörigen Testgrößen $v^2$ für jeden Patienten berechnet und die Kenngrößenkombination, die den größten Wert für $v^2$ erbracht hat, ("INDIVIDUELLE MAXIMALKOMBINATION"), mit dem zugehörigen Wert $v^2$ ausgedruckt. Alle Beiträge werden über die Patienten gemittelt. Die Ausgabe dieser Mittelwerte in Verbindung mit den jeweiligen Kenngrößenkombinationen erlaubt es dann, festzustellen, in welchen KOMBINATIONEN sich das Patientenkollektiv von dem Referenzkollektiv abhebt und welchen Beitrag die einzelnen Kombinationen liefern. Die Ergebnisse dieser Rechnungen werden danach in verkürzter Form graphisch dargestellt, wie im Ergebnisteil genauer ausgeführt wird. Dieses graphische Abweichungsmuster wird "diagnostische Wertigkeit" der betrachteten Kenngrößen genannt.

Die Ergebnisse der Suche nach kollektivkonformen Verhaltensweisen können dazu benutzt werden, geeignete Kenngrößenkombinationen anzugeben, die für einzelne Krankheiten besonders typisch sind.

## 3.2.3  DIE ENTSCHEIDUNGSFINDUNG IM EINZELFALL

Soll ein bestimmter Patient anhand seines Wertesatzes auf Abweichungen von der Norm überprüft werden, so werden zunächst die unter den beiden ersten Punkten des vorigen Paragraphen (§ 3.2.2) angeführten Berechnungen durchgeführt, wobei ein geschlechtsgleiches Referenzkollektiv zugrunde gelegt werden muß. Hierbei werden alle Kenngrößen mit Hilfe der univariaten Testgröße  t  geprüft.

Als nächstes wird die multivariable Testgröße $V^2$ für alle gemessenen Kenngrößen berechnet und ausgedruckt. Weil die Prüfgröße $V^2$ gewissermaßen den Abstand des Patientenvektors vom altersspezifischen Mittelwertsvektor des Referenzkollektives charakterisiert, kann sie dazu dienen, festzustellen, ob der Patient in seinen Werten zu dem Referenzkollektiv paßt, d.h. also keine pathologischen Veränderungen erkennen läßt. Falls der Wert von $V^2$ unterhalb einer kritischen Schwelle bleibt, wird der Proband als gesund angesehen, anderenfalls ist ein Hinweis auf pathologische Veränderungen gegeben.

Von der gewählten Sicherheitswahrscheinlichkeit $(1 - \alpha)$ hängt es ab, wie oft eine falsch positive Entscheidung getroffen wird, ein gesunder Proband also als krank eingestuft wird. Die Wahrscheinlichkeit für einen Fehler zweiter Art ("Nichterkennen des Vorliegens einer Pathologischen Veränderung") läßt sich nicht ohne weiteres angeben, da sie von mehreren unbekannten Faktoren abhängt. Sie hängt nämlich erstens davon ab, welche Krankheit der Patient wirklich hat, sodann von der Prävalenz der Krankheit in der Grundgesamtheit, der der Patient entstammt und schließlich auch davon, wie stark die vorliegende Krankheit die betrachteten Kenngrößen verändert.

Der nächste Schritt bei der Beurteilung des Datenvektors des Patienten besteht in der Berechnung der Maximalkombination von je q Kenngrößen, wie sie im fünften Punkt des vorigen Paragraphen beschrieben ist. Danach kann man prüfen, ob diese Maximalkombination zu einem der Muster paßt, wie sie bei Patientenkollektiven mit bekannter Krankheit nach der Methode des vorigen Paragraphen beschrieben wurden. Damit ist bereits ein diagnostischer Hinweis gegeben.

Zeigt der Datensatz eines Patienten Abweichungen von der Norm, so wird er anschließend mit den bereits bekannten Patientenkollektiven verglichen. Dies kann im Rahmen der obigen Theorie auf zwei Arten geschehen:

1. Das Patientenkollektiv tritt an die Stelle des Referenzkollektivs. Danach werden die oben beschriebenen univariaten und multivariaten Testgrößen berechnet. Eine kleine Prüfgröße $v^2$ deutet darauf hin, daß der Patient zu diesem Kollektiv gehören könnte.

2. Es wird die Nullhypothese geprüft, daß der Proband zu dem betrachteten Kollektiv gehöre. Dabei wird der Datensatz des Probanden in das Patientenkollektiv integriert. Erst danach werden die grundlegende Kovarianzmatrix $\overset{o}{\Sigma}$ und die Regressionsgleichungen (Gl. 7) berechnet. Anhand der multivariablen Testgröße $v^2$ wird dann geprüft, ob angenommen werden kann, daß der Proband zu dem Patientenkollektiv gehören könnte.

Wenn das Referenzkollektiv groß ist, unterscheiden sich die Ergebnisse der beiden Ansätze nicht wesentlich voneinander, da dann der Datensatz des Patienten auch bei starken Abweichungen von der Norm keinen großen Einfluß auf die Schätzgrößen hat.

Während man bei den Referenzkollektiven bei den meisten Merkmalen wenigstens annähernd eine multivariate Normalverteilung voraussetzen kann, ist dies bei den Patientenkollektiven in der Regel nicht mehr möglich. Daher ist es unerläßlich, alle Größen auf Abweichungen von einer Normalverteilung zu prüfen und nach normalisierenden Transformationen zu suchen. Auf diese Problematik soll indessen nicht weiter eingegangen werden, da hier ein solches Zuordnungsproblem nicht gegeben ist.

## 3.3 STRUKTURANALYSE KLINISCH - CHEMISCHER DATEN

### 3.3.1 DEFINITION DES STRUKTURBEGRIFFES

#### 3.3.1.1 Vorbemerkungen und Beispiele

Unter "STRUKTUR" versteht man im Sprachgebrauch den inneren Aufbau und die innere Gliederung, auch das BEZUGS - und REGELSYSTEM einer komplexen Einheit, die auch als GANZHEIT bezeichnet wird (27). Dieser Strukturbegriff ist für die mathematische Behandlung zu allgemein.

Weil die Daten bei den Personen jeweils nur zu einem Zeitpunkt erhoben werden, stellen sie gewissermaßen eine Querschnittserhebung dar. Wenn die Personen unterschiedlich alt sind, können die Daten vom Alter der Person abhängen. Der sich hierdurch aufdrängende Begriff der ENTWICKLUNG soll als ein Teil der ALTERSSTRUKTUR aufgefaßt werden.

Betrachtet man den Meßwertsvektor einer Person, so beinhaltet er die Momentaufnahme der Datenkonstellation zu einem festen Zeitpunkt und unter einer bestimmten Bedingung, die auch durch ihren Gesundheitszustand beeinflußt wird. Aus dem Meßvektor allein lassen sich noch keine Schlüsse über eine Struktur ziehen, da er eben nur $p + 1$ reelle Zahlen $x_o$, $x_1$, ..., $x_p$ darstellt. Erst wenn man die Daten mehrerer Probanden eines durch Außenkriterien wohldefinierten Kollektivs insgesamt betrachtet, fallen gewisse Regelmäßigkeiten und Gemeinsamkeiten auf, die man als STRUKTURMERKMALE des betrachteten Kollektivs ansehen kann. Diese betreffen zum einen die VERTEILUNGEN der einzelnen Größen, zum anderen die KORRELATIONEN zwischen ihnen. Da die Personen Stichproben darstellen, kann man aus den Daten Rückschlüsse auf die gemeinsame Verteilung der Größen ziehen, die durch eine Wahrscheinlichkeitsdichte $f(x_o, x_1, ..., x_p)$ gekennzeichnet sei. Die Betrachtungen zur Struktur des Datenkörpers werden daher zweckmäßigerweise an der Form der Wahrscheinlichkeitsdichte bzw. an ihrer Schätzung anknüpfen.

In voller Allgemeinheit stellt sich die Aufgabe der Strukturbeschreibung als ein schwieriges Problem heraus. Um dies zu demonstrieren, sei etwa die Verteilung einer univariaten Zufallsvariablen X mit der Wahrscheinlichkeitsdichte $f(x)$ betrachtet. Die Verteilung kann sehr schief sein, sie kann einen Exzeß haben, sie kann mehrgipflig sein usw. In den meisten praktisch wichtigen Fällen existieren jedoch die ZENTRALEN MOMENTE der Verteilung:

$$\mu^{(\nu)} \;=\; E\left[(X - E(X))^{\nu}\right] \qquad\qquad (\nu \;=\; 1, \ldots )$$

Man könnte etwa diese Zahlen als Strukturparameter betrachten und käme damit schon zu beliebig komplizierten Strukturen.

Nimmt man andererseits speziell an, daß die Größe X normalverteilt sei mit dem Erwartungswert $\mu$ und der Streuung $\sigma$ , so verschwinden wegen der Symmetrie der Verteilung alle ungeraden Momente mit einer Ordnung, die größer als Eins ist. Dagegen lassen sich die Momente gerader Ordnung alle durch die Streuung $\sigma$ ausdrücken. Es gilt, wie man leicht zeigen kann, die Beziehung:

$$\mu^{(\nu)} \;=\; \frac{\nu\,!}{2^{\nu/2}\,(\nu/2)\,!}\,\sigma^{\nu} \qquad\qquad (\nu \;=\; 2,4, \ldots )$$

Das bedeutet also, daß die Normalverteilung durch die beiden Parameter $\mu$ und $\sigma$ bestimmt ist. Es besteht also, anders ausgedrückt, ein BILDUNGSGESETZ für die zentralen Momente, wodurch die Anzahl der wesentlichen Parameter reduziert wird. Man erkennt daran, daß der Versuch der Strukturbeschreibung in dieser Form noch ungeeignet ist, denn anhand eines Datenkörpers kann man im allgemeinen nicht entscheiden, ob für die zentralen Momente ein Bildungsgesetz vorliegt.

Erfolgversprechender ist der Ansatz, die Dichte f(x) durch eine geeignete (möglichst kleine) Anzahl von Termen bei ihrer Darstellung als GRAM - CHARLIERSCHE Reihe (28) zu approximieren:

$$f(x) \;=\; \frac{1}{\sigma}\left[\varphi(u) \;+\; A_3\varphi^{(3)}(u) \;+\; A_4\varphi^{(4)}(u) \;+\; \ldots\right]$$

Hierbei ist zur Abkürzung $u = (x - \mu)/\sigma$ gesetzt worden. $\varphi$ bedeutet die Dichte der standardisierten Normalverteilung, $\varphi^{(\nu)}$ ihre $\nu$-te Ableitung. Obwohl die Gram - Charliersche Reihe nicht immer zu konvergieren braucht, können doch wenige Glieder ausreichen, die Datenstruktur befriedigend zu beschreiben. Hinzu kommt, daß die Parameter zum Teil anschaulich interpretierbar sind, zum Beispiel würde der Koeffizient $A_3$ im wesentlichen die Schiefe, $A_4$ den Exzeß der Verteilung widerspiegeln. In der Praxis müssen die unbekannten Parameter aus der Stichprobe geschätzt werden. Da die Koeffizienten als Stichprobengrößen asymptotisch normalverteilt sind, lassen sich statistische Aussagen darüber machen, ob sie signifikant von Null verschieden

sind (29). Hier würde das Verschwinden eines Parameters als Nicht-
vorhandensein eines Strukturmerkmals zu interpretieren sein. Eine vorgegebene Struktur wäre dann umso einfacher, je weniger Glieder bei der
Beschreibung ihrer Dichte durch eine Gram - Charliersche Reihe erforderlich wären.


### 3.3.1.2 Einengung der Fragestellung bei multivariater Betrachtung auf

### Exponentialfamilien

Wesentlich komplizierter sind die Verhältnisse, wenn man die gemeinsame Verteilung aller Größen betrachtet. In diesem Fall kommen zu den
Merkmalen der Verteilungen der Kenngrößen, die dann als Randvariablen
betrachtet werden, die mannigfaltigsten Interkorrelationen und Wech-
selbeziehungen zwischen den verschiedenen Kenngrößen hinzu, die die
Anzahl der Parameter sehr schnell anwachsen lassen. Dadurch wird die
Struktur unübersichtlich und schwer interpretierbar. Damit man dennoch
zu praktisch brauchbaren und einsichtigen Ergebnissen kommt, muß man
die Problemlösung einschränken. Dies geschieht am besten dadurch, daß
man über die gemeinsame Verteilung der Größen einschränkende Annahmen
macht, indem man zum Beispiel voraussetzt, daß die Wahrscheinlichkeitsdichte $f(\varphi)$ einer bestimmten Funktionenklasse angehöre.

Im folgenden wird angenommen, daß die Verteilung der klinisch - chemischen Kenngrößen zur Klasse der EXPONENTIALFAMILIEN gehöre. Man
sagt, eine Dichte $f(\varphi, \phi)$ gehört einer k - gliedrigen Exponentialfamilie in den Parametern $\varphi_1, \varphi_2, \ldots \varphi_k$ an, wenn die Dichte in
der Form geschrieben werden kann:

$$f(\varphi, \phi) \quad = \quad \exp(h(\varphi, \phi)), \tag{25}$$

wobei h die Form hat:

$$h(\varphi, \phi) \quad = \quad \vartheta_0(\varphi) + t(\varphi) + \sum_{i=1}^{k} \vartheta_i(\phi) t_i(\varphi) \tag{26}$$

Hierbei ist $\phi$ der Parametervektor $(\varphi_1, \ldots, \varphi_k)$, die $\vartheta_i$ sind
Funktionen der Parameter $\varphi_i$, $t(\varphi)$ und die $t_i(\varphi)$ sind reellwer-
tige, meßbare Funktionen der Kenngrößen. Die Funktion $\vartheta_0(\phi)$ ist bestimmt durch die Forderung:

$$\int f(\varphi, \phi)\, d\varphi \quad = \quad 1 \qquad\qquad (27)$$

wobei das Integral über den Wertebereich der Kenngrößen zu erstrecken ist. Falls $t(\varphi) = 0$ ist und die Funktionen $\vartheta_i(\phi)$ die einfache Form haben:

$$\vartheta_i(\phi) \quad = \quad \varphi_i$$

so sagt man, die Dichte (Gl. 25) liege in NATÜRLICHER PARAMETRI-SIERUNG vor.

Die Einführung der Exponentialfamilien zur Beschreibung der Daten bringt erhebliche Vorteile mit sich. Einerseits ist diese Funktionenklasse flexibel genug, sehr allgemeine Datenstrukturen zuzulassen, zum anderen weisen die Funktionen sehr erwünschte statistische Eigenschaften auf (30, 31, 32).

Die Eigenschaften der Zufallsgrößen, die einer Exponentialfamilie angehören, werden wesentlich durch die Gestalt der Funktionen $\vartheta_i(\phi)$, aber auch durch den Definitionsbereich der Kenngrößen bestimmt. Es existiert immer eine Darstellung in natürlicher Parametrisierung, wobei der Parameterraum, in dem die Parameter $\varphi_i$ liegen, konvex ist und ein k - dimensionales Intervall enthält. Man kann die Funktionen $t_i(\varphi)$ als BAUSTEINE der gegebenen Exponentialfamilie betrachten. Wir wollen uns im folgenden vorstellen, daß die Funktionen $t_i(\varphi)$ einer vorgegebenen, hier jedoch nicht weiter spezifizierten Funktionenklasse entstammen.


### 3.3.1.3 Die Kompliziertheit einer Struktur

Bei den oben angegebenen Beispielen ist für die Darstellung der Wahrscheinlichkeitsdichte jedesmal eine bestimmte Anzahl formaler Parameter notwendig, die die Dichte eindeutig bestimmen. Es liegt auf der Hand, daß eine Struktur um so komplizierter ist, je mehr Parameter zu ihrer Beschreibung angegeben werden müssen. Das Problem ist aber, daß man bei einer gegebenen Darstellung einer Struktur nicht ohne weiteres sagen kann, ob es nicht noch eine andere Darstellung gibt, bei der weniger Parameter ausreichen würden. In diesem Fall sähe die Struktur komplizierter aus als sie wirklich ist und man würde die einfachere Darstellung vorziehen. Auf Grund dieser Überlegungen erscheint es angebracht, die Kompliziertheit einer Struktur so zu definieren:

<u>DEFINITION</u>: Gegeben sei die Wahrscheinlichkeitsdichte $f(\varphi)$ einer vektoriellen Zufallsgröße X. Die durch die Dichte gegebene Struktur hat den KOMPLIZIERTHEITSGRAD k, wenn k die MINIMALZAHL der formalen Parameter ist, die zur Darstellung von f notwendig sind. Falls eine solche Zahl k nicht existiert, heißt die Struktur UNENDLICH KOMPLIZIERT.

Daß die Definition sinnvoll ist, zeigt das Beispiel der Exponentialfamilien. Da jedes Mitglied einer Exponentialfamilie eine Darstellung in natürlichen Parametern besitzt, ist deren Zahl gleich dem Kompliziertheitsgrad dieser Struktur. Diese Anzahl läßt sich im allgemeinen auch nicht reduzieren, wie daraus hervorgeht, daß der Parameterraum einer Exponentialfamilie bei natürlicher Parametrisierung ein echtes Intervall enthält. Als Sonderfall kann es vorkommen, daß ein oder mehrere Parameter gleich Null sind. In diesem Fall läßt sich die Dichte auffassen als ein Mitglied einer niedrigerdimensionalen Exponentialfamilie. Ist etwa k die ursprüngliche Dimension des Parameterraumes und l die Zahl der verschwindenden Parameter, so ist dann der Kompliziertheitsgrad der Dichte gleich $k' = k - l$.

In der praktischen Anwendung wird man bestrebt sein, die Anzahl der Parameter bei der Darstellung der Dichtefunktion f möglichst klein zu halten. Hierzu müssen die Parameter zunächst aus der Stichprobe geschätzt werden. Sodann braucht man ein Entscheidungskriterium dafür, daß man annehmen kann, daß ein Parameter sich nicht wesentlich von Null unterscheidet. Dabei ist entscheidend, welches Gewicht dem Parameter durch die Datenkonstellation gegeben wird oder, anders ausgedrückt, wie "ausgeprägt" der Parameter erscheint. Darauf wird im nächsten Paragraphen eingegangen.


3.3.1.4  Die Intensität einer Struktur

Verschiedene Mitglieder einer Exponentialfamilie unterscheiden sich durch die Werte ihrer natürlichen Parameter. Je größer, absolut genommen, ein solcher Parameter ist, desto ausgeprägter wird er zu der gegebenen Struktur beitragen. Zu einem quantitativen Maß für den Anteil eines Parameters an einer Struktur kann man durch die folgende Überlegung kommen, die wesentlich informationstheoretischer Art ist.

Die Datensätze der Patienten lassen sich abstrakt als NACHRICHTEN auffassen, die einen bestimmten INFORMATIONSGEHALT besitzen, dessen Größe vom jeweiligen Kollektiv und damit von der Verteilung der Daten abhängig ist. Je stärker die Ausgeprägtheit der Struktur eines Kollektives ist, desto geringer ist der NEUIGKEITSWERT der mit einem Datensatz übermittelten Nachricht. Sind beispielsweise die Kenngrößen bei einem bestimmten Patientenkollektiv stark miteinander korreliert, so genügt bereits die Kenntnis eines Teiles der Kenngrößen, um die restlichen vorherzusagen. Die gemessenen Werte werden von den vorhergesagten umso weniger abweichen, je höher die Korrelationen zwischen den Kenngrößen sind. Diese Vorhersage ist bei unkorrelierten Größen nicht möglich. Ein informationstheoretisches Maß für die Unsicherheit der Vorhersage eines Datensatzes ist die ENTROPIE der Verteilung dieser Größen, die definiert ist als:

$$H \quad = \quad - \int f(\varphi, \phi) \log (f(\varphi, \phi)) \, d\varphi \qquad (28)$$

Das Integrationsgebiet ist hierbei der gesamte Wertebereich der Kenngrößen. Man vergleiche hierzu RENYI (33) und SILVIU GUIASU (34) Hiernach ist also die Struktur um so stärker ausgeprägt, je kleiner die Entropie H der Verteilung ist.

DEFINITION: Ist eine Struktur durch eine Wahrscheinlichkeitsdichte $f(\varphi, \phi)$ gegeben und ist H die Entropie dieser Verteilung nach der (Gl. 28), so heißt der Ausdruck:

$$I \quad = \quad \exp( - H) \qquad (29)$$

die INTENSITÄT dieser Struktur. Haben die Strukturen zweier Kollektive A und B die Entropien $H_A$ und $H_B$, so heißt der Ausdruck:

$$I_{A|B} \quad = \quad \frac{I_A}{I_B} \quad = \quad \exp ( H_B - H_A ) \qquad (30)$$

die RELATIVE INTENSITÄT der Struktur von A, bezogen auf die Struktur von B.

Dieser Intensitätsbegriff ist transitiv in dem folgenden Sinne: Hat ein Kollektiv A die Strukturintensität $I_A$, ein Kollektiv B die Strukturintensität $I_B$ und ein Kollektiv C die Strukturintensität $I_C$, so gilt für die relative Strukturintensität $I_{A|C}$:

$$I_{A|C} \quad = \quad \exp( H_C - H_A ) \quad = \quad \exp( H_C - H_B + H_B - H_A ),$$

also:

$$I_{A|C} = I_{A|B} \cdot I_{B|C} \tag{31}$$

Ist also zum Beispiel die Strukturintensität von C dreimal so groß wie die von B, diese wiederum doppelt so groß wie die von A, so ist die Intensität von C sechsmal so groß wie die von A.

Im Falle der zweidimensionalen Normalverteilung ergibt sich für die Entropie aus (Gl. 28):

$$H = \log( 2 \pi e \sigma_1 \sigma_2 \sqrt{1 - \rho^2} ) \tag{32}$$

Die Intensität der Struktur der zweidimensionalen Normalverteilung ist daher:

$$I = \frac{1}{2\pi e \sigma_1 \sigma_2 \sqrt{1 - \rho^2}} \tag{33}$$

Die Intensität nimmt also zu mit enger werdender Korrelation und wächst schließlich über alle Grenzen.

Ganz analog läßt sich zeigen, daß die Strukturintensität der multivariaten Normalverteilung gegeben ist durch den Ausdruck:

$$I = \frac{1}{(2\pi e)^{(p+1)/2} \sqrt{\det(\overset{o}{\textstyle\sum})}} \tag{34}$$

wobei $\overset{o}{\textstyle\sum}$ die Kovarianzmatrix der Verteilung ist. Während die Entropie und damit sie Strukturintensität einer Verteilung vom Maßstab der jeweiligen Kenngrößen abhängig ist, ist dies für die relative Strukturintensität nicht mehr der Fall.

Die relative Intensität der zweidimensionalen Normalverteilung, bezogen auf eine zweidimensionale Normalverteilung mit denselben Streuungen, aber verschwindender Korrelation, ist gegeben durch:

$$I_{\rho|\rho=0} = \frac{1}{\sqrt{1 - \rho^2}}$$

Der entsprechende Ausdruck für die multivariate Normalverteilung ist: $1/\sqrt{\det(K)}$, wobei $K$ die Korrelationsmatrix der Verteilung ist. Die Determinante $\det(K)$ wird als allgemeines Korrelationsmaß ("overall correlation") bezeichnet (15). Wie wir noch sehen werden, hat eine multivariate Normalverteilung die größte Entropie und damit gleichzeitig die geringste Strukturintensität, wenn die Korrelationen gleich Null sind.

3.3.1.5  Die Entropie bei Exponentialfamilien

Es sei $f$ die Wahrscheinlichkeitsdichte einer Verteilung aus einer Exponentialfamilie. Weiter sei vorausgesetzt, daß die Dichte in natürlicher Parametrisierung vorliege, also die Form habe:

$$f(\varphi,\Phi) \;=\; \exp(h(\varphi,\Phi))$$

mit

$$h(\varphi,\Phi) \;=\; \vartheta_o(\Phi) \;+\; \sum_{i=1}^{k} \varphi_i t_i(\varphi) \qquad (35)$$

Liegt eine Stichprobe vor, so bilden die Mittelwerte $\bar{t}_i(\varphi)$ suffiziente Statistiken für die Parameter $\varphi_i$. Die Maximum–Likelihood-Gleichungen zur Bestimmung der $\varphi_i$ sind dann ($i = 1,,\ldots, k$):

$$\frac{\partial \vartheta_o}{\partial \varphi_i} \;+\; \bar{t}_i(\varphi) \;=\; o \qquad (36)$$

Hier darf man zu den Erwartungswerten übergehen und erhält die Beziehungen:

$$E(t_i) \;=\; -\;\frac{\partial \vartheta_o}{\partial \varphi_i} \qquad (37)$$

Bei Exponentialfamilien nimmt die Entropie der Verteilungen die besonders einfache Form an:

$$H \;=\; -\;\int f(\varphi,\Phi)\,\log(f(\varphi,\Phi))\,d\varphi \;=\; -\;E(h(\varphi,\Phi)) \qquad (38)$$

also:

$$H \quad = \quad - \quad \vartheta_o(\Phi) \quad - \quad \sum_{i=1}^{k} \varphi_i \, E(\, t_i(\gamma)\,) \tag{39}$$

Auf Grund von (Gl. 37) folgt:

$$H \quad = \quad - \quad \vartheta_o(\Phi) \quad + \quad \sum_{i=1}^{k} \frac{\partial \vartheta_o}{\partial \varphi_i} \, \varphi_i \tag{40}$$

Berechnet man hieraus durch partielle Differentiation den Gradienten von H, so ergibt sich für die Komponenten:

$$\mathrm{grad}(H)_j \quad = \quad \sum_{i=1}^{k} \frac{\partial^2 \vartheta_o}{\partial \varphi_i \partial \varphi_j} \qquad (j = 1, \ldots, k)$$

Die Matrix der partiellen Ableitungen $\partial^2 \vartheta_o / \partial \varphi_i \partial \varphi_j$ ist aber nach DEMPSTER (15) gleich der negativen Kovarianzmatrix der Funktionen $t_i(\gamma)$:

$$\frac{\partial^2 \vartheta_o}{\partial \varphi_i \partial \varphi_j} \quad = \quad - \quad E((t_i - E(t_i))(t_j - E(t_j)) \quad = \quad - \quad \lambda_{ij}$$

Bezeichnet man diese Kovarianzmatrix mit $\Lambda$, so folgt die Vektorgleichung:

$$\mathrm{grad}(H) \quad = \quad - \Lambda \Phi \tag{41}$$

Da die Kovarianzmatrix $\Lambda$ als positiv definit angenommen werden kann, erkennt man hieraus, daß die Entropie ein globales Maximum im Punkte $\Phi = 0$ hat, wenn der Nullpunkt ein innerer Punkt des Parameterraumes ist. In diesem Fall reduziert sich die Wahrscheinlichkeitsdichte auf eine Konstante. Wenn, wie bei der Normalverteilung, der Definitionsbereich der Größen ein unendliches Gebiet umfaßt, kann der Nullpunkt also höchstens ein Randpunkt des Parameterraumes sein. Für das weitere wichtig ist die folgende Bemerkung:

Schränkt man die Variabilität der Parameter $\varphi_i$ dadurch ein, daß man fordert, daß die Erwartungswerte $\Theta_i := E(t_i)$ von 1 der gegebenen Funktionen $t_i$ konstant sein sollen, so schneidet man aus dem Definitionsbereich der Exponentialfamilie eine $(k-1)$ - dimensionale Mannigfaltigkeit heraus. Ohne Beschränkung der Allgemeinheit sei angenommen, daß die ersten $l$ Erwartungswerte festgehalten werden sollen. Dann hat man also die Gleichungen $(i = 1, \ldots, l)$:

$$\Theta_i = - \frac{\partial \vartheta_o}{\partial \varphi_i} = c_i \quad \text{(konstant)} \tag{42}$$

Es sei $\Phi' = (\Phi_1', \Phi_2')$ die Partition des Parametervektors $\Phi$ in die ersten $l$ und die letzten $l - k$ Parameter. Dann kann man die (Gl. 42) nach $\Phi_1$ auflösen und erhält die Entropie als Funktion von $\Phi_2$. Schreibt man das Differential von $H$ nach (Gl. 41) sinnfällig in der Form:

$$dH = - \begin{pmatrix} \Phi_1' \\ \Phi_2' \end{pmatrix} \begin{pmatrix} \Lambda_{11} & \Lambda_{12} \\ \Lambda_{21} & \Lambda_{22} \end{pmatrix} \begin{pmatrix} d\Phi_1 \\ d\Phi_2 \end{pmatrix} \tag{43}$$

so läßt sich $d\Phi_1$ aus den (Gl. 42) ausrechnen, wenn man beachtet, daß gilt $(i = 1, \ldots, l)$:

$$d\Theta_i = - \sum_{j=1}^{k} \frac{\partial^2 \vartheta_o}{\partial \varphi_j \partial \varphi_i} \varphi_j = o$$

Daraus folgt:

$$d\Phi_1 = - \Lambda_{11}^{-1} \Lambda_{12} \, d\Phi_2 \tag{44}$$

Einsetzen in (Gl. 43) ergibt:

$$dH = - \begin{pmatrix} \Phi_1' \\ \Phi_2' \end{pmatrix} \begin{pmatrix} \Lambda_{11} & \Lambda_{12} \\ \Lambda_{21} & \Lambda_{22} \end{pmatrix} \begin{pmatrix} - \Lambda_{11}^{-1} \Lambda_{12} \, d\Phi_2 \\ d\Phi_2 \end{pmatrix}$$

Ausgerechnet und zusammengefaßt ergibt das für das Differential:

$$dH = -\Phi_2'(\Lambda_{22} - \Lambda_{21}\Lambda_{11}^{-1}\Lambda_{12})\,d\Phi_2 \qquad (45)$$

Weil nun die Matrix $\Lambda_{22} - \Lambda_{21}\Lambda_{11}^{-1}\Lambda_{12}$ wieder positiv definit ist, erkennt man aus (Gl. 45), daß die Entropie unter den Nebenbedingungen (Gl. 42) ein Maximum für $\Phi_2 = (0)$ annimmt.


### 3.3.2 MAXIMUM - LIKELIHOOD - SCHÄTZUNGEN UND EMPIRISCHE ENTROPIE

Zur Anwendung der Theorie müssen die unbekannten Parameter aus den Daten geschätzt werden. Liegt eine Stichprobe $\{\psi^{(j)}\}$ vom Umfang n aus einem Patientenkollektiv vor und bezeichnet man mit $L^{(n)}$ den Logarithmus der Likelihood, so ist nach (Gl. 25) und (Gl. 26) in natürlicher Parametrisierung:

$$L^{(n)} = n\vartheta_0(\Phi) + \sum_{i=1}^{k}\sum_{j=1}^{n}\varphi_i t_i^{(j)} \qquad (46)$$

Hieraus folgen durch Differentiation die Likelihood - Gleichungen (Gl. 36). Nach Auflösung der (Gl. 36) nach den Parametern $\varphi_i$ ergeben sich diese als Funktionen der suffizienten Statistiken $\bar{t}_i$. Die Schätzungen seien mit $\hat{\varphi}_i$ bezeichnet.

<u>DEFINITION</u>: Ersetzt man in (Gl. 40) für die Entropie der Verteilung die Parameter $\varphi_i$ durch ihre Schätzungen $\hat{\varphi}_i$ und die Erwartungswerte $\Theta_i$ durch die Mittelwerte $\bar{t}_i$, so soll der Ausdruck:

$$\hat{H} = -\vartheta_0(\Phi) - \sum_{i=1}^{k}\bar{t}_i\,\hat{\varphi}_i \qquad (47)$$

die zu der betrachteten Exponentialfamilie und zu der Stichprobe $\{\psi^{(j)}\}$ gehörende EMPIRISCHE ENTROPIE heißen. Entsprechend soll der Ausdruck $\hat{I} = \exp(-\hat{H})$ als EMPIRISCHE STRUKTURINTENSITÄT bezeichnet werden.

Der Zusammenhang zwischen der empirischen Entropie und der Maximum-Likelihood - Schätzung wird durch das folgende Theorem hergestellt:

<u>THEOREM</u>:   Das Prinzip der Parameterschätzung nach der maximalen Likelihood ist bei Exponentialfamilien identisch mit dem Prinzip der Parameterschätzung nach der  MINIMALEN EMPIRISCHEN ENTROPIE oder der MAXIMALEN EMPIRISCHEN STRUKTURINTENSITÄT.  Es besteht die Beziehung:

$$\max_{\phi}(L^{(n)}) \;=\; -\,n\,\hat{H} \tag{48}$$

<u>BEWEIS</u>: Nach der  Konstruktion der empirischen Entropie ist nur  noch zu zeigen,  daß die  Mittelwerte $\bar{t}_i$  Maximum – Likelihood – Schätzungen für die Erwartungswerte $\Theta_i$  sind. Dies sieht man folgendermaßen:  Bei der Substition:

$$\Theta_i \;=\; \Theta_i(\phi) \qquad (i = 1, \ldots, k) \tag{49}$$

kann man annehmen,  daß die  (Gl. 49)  nach den Parametern  $\varphi_i$  auflösbar sind, etwa:

$$\varphi_i \;=\; \psi_i(\Theta_1, \ldots, \Theta_k) \tag{50}$$

Ersetzt man in  (Gl. 25)  und  (Gl. 35)  für die Dichte  f  die  Parameter nach der  (Gl. 50),  so bekommt man eine  Darstellung der Dichte f  in einer neuen Parametrisierung, etwa:

$$f(\varphi, \Theta_1, \ldots, \Theta_k) \;=\; \exp\!\Big(\zeta_0(\Theta_1, \ldots, \Theta_k) \;+\; \sum_{i=1}^{k} \psi_i t_i\Big) \tag{51}$$

Hierbei wurde gesetzt:

$$\zeta_0(\Theta_1, \ldots, \Theta_k) \;=\; \vartheta_0(\psi_1, \ldots, \psi_k) \tag{52}$$

Bei dieser Parametrisierung lauten die Likelihood – Gleichungen:

$$\frac{\partial \zeta_0}{\partial \Theta_j} \;+\; \sum_{i=1}^{k} \frac{\partial \psi_i}{\partial \Theta_j}\, \bar{t}_i \;=\; 0 \tag{53}$$

Nun folgt aus  (Gl. 52)  durch Differentiation:

$$\frac{\partial \zeta_0}{\partial \Theta_j} \;=\; \sum_{i=1}^{k} \frac{\partial \vartheta_0}{\partial \psi_i}\, \frac{\partial \psi_i}{\partial \Theta_j} \;=\; -\, \sum_{i=1}^{k} \Theta_i \frac{\partial \psi_i}{\partial \Theta_j}$$

Bezeichnet man die nichtsinguläre Funktionalmatrix $\partial\psi_i/\partial\Theta_j$ mit W, so wird aus (Gl. 53):

$$W \begin{pmatrix} \Theta_1 \\ \cdot \\ \Theta_k \end{pmatrix} = W \begin{pmatrix} \overline{t}_1 \\ \cdot \\ \overline{t}_2 \end{pmatrix} \tag{54}$$

Hieraus folgt unmittelbar:

$$\Theta_i = \overline{t}_i \quad (i = 1, \ldots, k) \tag{55}$$

was zu beweisen war.

Das vorstehende Theorem bildet den Schlüssel für eine Strukturanalyse der durch die vorgegebenen Patientenkollektive gebildeten Datenkörper. Darauf wird in den nächsten Paragraphen näher eingegangen.


### 3.3.3 DIE PARAMETERREDUKTION ALS MITTEL DER STRUKTURANALYSE

Es läßt sich nun ein formalisierbares Verfahren zur Analyse der durch einen Datenkörper definierten Struktur angeben. Hierzu legt man erst die Funktionen $t_i$ fest. Danach setzt man die Dichte an nach der (Gl. 25) und (Gl. 35) als Mitglied einer Exponentialfamilie in natürlichen Parametern. Hierauf erfolgt die Schätzung nach (Gl. 36).

Die Idee der Strukturanalyse besteht nun darin, in einer wiederholten, schrittweisen Prozedur geeignete Parameter auf Null zu setzen und damit die Struktur zu vereinfachen. Aus dem Theorem des vorigen Paragraphen läßt sich schließen, daß dies notwendigerweise mit einer Abnahme der empirischen Strukturintensität verbunden ist. Denn nach dem Nullsetzen eines Parameters müssen alle anderen Parameter aus dem entsprechend abgeänderten Gleichungssystem (Gl. 36) neu geschätzt werden. Da hierbei weniger Parameter zur Verfügung stehen, kann die Likelihood höchstens kleiner werden, und damit muß die Strukturintensität nach (Gl. 48) abnehmen bzw. die empirische Entropie zunehmen.

Das Kriterium für die Auswahl des zu annullierenden Parameters bei jedem Schritt der Strukturanalyse besteht darin, jeweils denjenigen Parameter auf Null zu setzen, der eine möglichst geringe Abnahme der Strukturintensität verursacht. Dieses Verfahren wird solange weitergeführt, wie es sinnvoll erscheint. (Näheres hierzu im nächsten Paragraphen). Auf diese Weise ist ein eindeutiger Weg durch die Datenstruktur definiert. Für die Interpretation der Ergebnisse ist die Reihenfolge wesentlich, in der die Parameter annulliert werden. Diese ist durch das jeweilige Patientenkollektiv determiniert und ist für den Vergleich verschiedener Kollektive wichtig.

Im Verlauf der Strukturanalyse können statistische Signifikanzteste durchgeführt werden, um zu prüfen, ob zum ersten die Aufgabe eines Strukturparameters eine signifikante Abnahme der Strukturintensität mit sich bringt und zum zweiten, ob die angepaßte vereinfachte Struktur als Ganzes noch zu den Daten paßt. Das Theorem des vorigen Paragraphen ermöglicht es, die Prüfgrößen durch die empirischen Entropien auszudrücken.

Sind $\hat{H}_1$ und $\hat{H}_2$ die empirischen Entropien, die zu zwei verschiedenen Schritten der Strukturanalyse gehören, so sind die hierzu gehörenden maximierten Likelihood‑Funktionen nach (Gl. 48) gegeben durch die Ausdrücke:

$$\max l_i^{(n)} \;=\; \exp(-n\,\hat{H}_i) \qquad (i = 1,2) \tag{56}$$

Es sei etwa $\hat{H}_2 \gtrsim \hat{H}_1$. Dann ergibt sich für den Likelihoodquotienten:

$$\lambda \;=\; \frac{\exp(-n\,\hat{H}_2)}{\exp(-n\,\hat{H}_1)} \;=\; \exp(n\,(\hat{H}_1 - \hat{H}_2)) \tag{57}$$

Die entsprechende Prüfgröße (vergl. WITTING, p. 94):

$$\chi^2 \;=\; -2\log(\lambda) \;=\; 2n\,(\hat{H}_2 - \hat{H}_1) \tag{58}$$

ist asymptotisch $\chi^2$‑verteilt mit $k_1 - k_2$ Freiheitsgraden, wenn $k_1$ und $k_2$ die Anzahlen der Parameter sind, die zu den beiden Modellen gehören. Übersteigt der berechnete $\chi^2$‑Wert das vorgegebene $(1 - \alpha)$‑Fraktil der $\chi^2$‑Verteilung mit $k_1 - k_2$ Freiheitsgraden, so wird man die Differenz als signifikant ansehen.

Der eigentliche Gewinn der sequentiellen Strukturanalyse liegt nicht so sehr in den berechneten Signifikanzen, die ja auch von dem Stichprobenumfang abhängen, sondern in der Interpretation der Reihenfolge, in der sich die Strukturparameter bei dem Versuch der Strukturvereinfachung einer Annullierung widersetzen.

## 3.3.4 DIE KOVARIANZSELEKTION ALS EIN SPEZIELLES VERFAHREN DER PARAMETERREDUKTION

Die einfachste Form, die die Funktionen $t_i(\overset{\circ}{\gamma})$ in der (Gl. 26) bzw. (Gl. 35) haben können, ist die von Polynomen bis zum zweiten Grade: $t_i = x_j$ oder $t_i = x_j x_k$. In diesem Fall ergibt sich für die Dichte $f$ eine multivariate Normalverteilung, die damit als ein Sonderfall der Exponentialfamilien erscheint. Mit den Bezeichnungen aus (Gl. 1) ist:

$$h(\overset{\circ}{\gamma}, \Phi) \;=\; -\,c \;-\; \frac{1}{2}\,(\overset{\circ}{\gamma} - \overset{\circ}{\mu})'\,\overset{\circ}{\Sigma}{}^{-1}(\overset{\circ}{\gamma} - \overset{\circ}{\mu}) \tag{59}$$

wobei zur Abkürzung gesetzt wurde:

$$c \;=\; \frac{p+1}{2}\,\log(2\pi) \;+\; \frac{1}{2}\,\log(\det(\overset{\circ}{\Sigma}))$$

Multipliziert man (59) aus, so folgt:

$$h \;=\; -\,c \;-\; \frac{1}{2}\,\overset{\circ}{\gamma}'\,\overset{\circ}{\Sigma}{}^{-1}\overset{\circ}{\gamma} \;+\; \overset{\circ}{\gamma}'\,\overset{\circ}{\Sigma}{}^{-1}\overset{\circ}{\mu} \;-\; \frac{1}{2}\,\overset{\circ}{\mu}'\,\overset{\circ}{\Sigma}{}^{-1}\overset{\circ}{\mu}$$

Man ersieht daraus, daß die Elemente der inversen Kovarianzmatrix, multiplziert mit den Faktoren $-1$ oder $-1/2$, als natürliche Parameter bei den quadratischen Termen bzw. bei den gemischten Gliedern auftreten. Es ergeben sich insgesamt $2(p+1) + p(p+1)/2$ Parameter die gerade für die Darstellung der Erwartungswerte, der Streuungen und Korrelationen ausreichen.

Aus der Forderung, daß die Kovarianzmatrix positiv definit sein muß, läßt sich schließen, daß der Nullpunkt kein innerer Punkt des Parameterraumes sein kann. Die quadratische Form in (Gl. 59) hat bekanntlich (9, 31) den Erwartungswert $(p+1)/2$, so daß sich für die Entropie ergibt:

$$H \;=\; \frac{p+1}{2}\,\log(2\pi e) \;+\; \frac{1}{2}\,\log(\det(\overset{\circ}{\Sigma})) \tag{60}$$

Berücksichtigt man noch, daß sich die Kovarianzmatrix schreiben läßt als:

$$\overset{\circ}{\Sigma} = \begin{pmatrix} \sigma_o & & & \\ & \sigma_1 & & \mathbf{0} \\ & & \cdot & \\ \mathbf{0} & & & \cdot \\ & & & & \sigma_p \end{pmatrix} \overset{\circ}{K} \begin{pmatrix} \sigma_o & & & \\ & \sigma_1 & & \mathbf{0} \\ & & \cdot & \\ \mathbf{0} & & & \cdot \\ & & & & \sigma_p \end{pmatrix}$$

wobei $\overset{\circ}{K}$ die Korrelationsmatrix und die $\sigma_i$ die Streuungen der Größen sind, so sieht man, daß sich ergibt:

$$H = \frac{p+1}{2} \log(2\pi e) + \log(\sigma_o \sigma_1 \cdots \sigma_p \sqrt{\det(\overset{\circ}{K})})$$

Bei der Parameterreduktion ist es sinnvoll, so zu verfahren, daß die
Schätzungen der Erwartungswerte $\mu_i$ und der Streuungen $\sigma_i$ der Kenngrößen mit den üblichen Stichprobenschätzungen übereinstimmen, wie sie
sich bei der Anwendung des vollen Modelles ergeben. Dabei gelten bekanntlich die Maximum - Likelihood - Gleichungen:

$$\mu_i = \overline{x}_i, \qquad \sigma_i^2 = \overline{x_i^2} - \overline{x}_i^2$$

Daher ergeben sich die folgenden $2(p+1)$ Einschränkungen für die
Parameterreduktion:

$$E(x_i) = \text{konstant}, \qquad E(x_i^2) = \text{konstant} \tag{61}$$

Dies Gleichungen entsprechen der (Gl. 42) aus § 3.3.1.4. Die Parameterreduktion muß sich daher auf die Annullierung der den gemischten Gliedern zugeordneten Parameter beschränken. Aus der Stetigkeit
der Determinantenfunktion und aus der Tatsache, daß die Matrix $\overset{\circ}{\Sigma}{}^{-1}$
positiv definit ist, kann man schließen, daß in der Untermannigfaltig-
keit des Parameterraumes, die durch die (Gl. 61) definiert ist, der
Nullpunkt innerer Punkt ist. Daher folgt aus (Gl. 45), daß die Annullierung der Parameter ein Maximierung der Entropie bedeutet und
daß das Theorem aus § 3.3.2 anwendbar ist. Aus dem oben Gesagten
folgt schließlich noch, daß die Strukturanalyse auf eine Maximierung
der Determinante $\det(\overset{\circ}{K})$ hinausläuft.

## 3.3.5   AUFFINDEN DES KORRELATIVEN STRUKTURKERNES

Das oben geschilderte, von DEMPSTER (15) eingeführte Verfahren der KOVARIANZSELEKTION ist deshalb so bedeutsam, weil sich das Verschwinden der den gemischten Gliedern $x_i x_j$ zugeordneten Parameter inhaltlich besonders einfach interpretieren läßt. Diese anschauliche Interpretation ergibt sich aus der Eigenschaft der multivariaten Normalverteilung, daß die bedingten Korrelationskoeffizienten zwischen zwei Variablen nicht davon abhängen, welche Werte die hierbei festgehaltenen restlichen Variablen besitzen. Bezeichnen $\rho^{ij}$ die Elemente der inversen Kovarianzmatrix $\sum^{-1}$ - die auch KONZENTRATIONEN genannt werden - , so gilt für die partiellen Korrelationskoeffizienten $\rho_{ij.k}$, die die Korrelationen zwischen $x_i$ und $x_j$ bei festgehaltenen restlichen Variablen kennzeichnen, die Beziehung (CRAMÉR (35), pp 201 ff):

$$\rho_{ij.k} \quad = \quad - \rho^{ij} / \sqrt{\rho^{ii} \rho^{jj}} \tag{62}$$

Die Methode der Kovarianzselektion beruht somit auf einer schrittweisen Prüfung von UNABHÄNGIGKEITSHYPOTHESEN, wobei mit dem Variablenpaar begonnen wird, das die geringste partielle Korrelation aufweist. Diese Korrelation wird im Modell als Null angesetzt. Unter dieser Bedingung wird die Korrelationsmatrix erneut geschätzt und untersucht. Anschließend wird wiederum das mit der kleinsten partiellen Korrelation ausgewiesene Variablenpaar als partiell unkorelliert angenommen, d. h. es wird der Parameter des entsprechenden gemischten Gliedes $x_i x_j$ auf Null gesetzt. Dieses Verfahren wird formal solange fortgesetzt, bis alle partiellen Korrelationen auf Null gesetzt sind, was der Hypothese völliger Unabhängigkeit entspricht.

Während die ersten Schritte der Kovarianzselektion stark von Zufallseinflüssen in den Datenkonstellationen bestimmt sind, widersetzen sich die Korrelationen in den späteren Schritten immer stärker der Annullierung, was an den ansteigenden Signifikanzen erkenntlich ist. Sie spiegeln daher immer besser die wahre Struktur wider, die dem Datenkörper zugrunde liegt. Sie werden daher auch zunehmend unempfindlicher gegenüber zufälligen Einflüssen. Die letzten p + 1 Schritte der Parameterreduktion sollen im folgenden als der KORRELATIVE STRUKTURKERN des Datenkörpers bezeichnet werden. Es ist zweckmäßig, die letzten Schritte in einer graphischen Darstellung zu veranschaulichen. Dazu werden Symbole der Kenngrößen auf einem Kreis angeordnet in Form eines regulären p + 1 - Ecks. Die bei den letzten p + 1 Reduktionsschritten auf Null gesetzten partiellen Korrelationen werden durch Verbin-

dungslinien zwischen den   Kenngrößen gekennzeichnet,   wobei noch durch
die Dicke der   Linien die Reihenfolge der Reduktion dargestellt   wird.
Auf diese  Weise erhält man ein besonders   anschauliches Bild von  den
Zusammenhangsverhältnissen.

Für die rechnerunterstützte Durchführung der  Kovarianzselektion wurde
ein Rechenprogramm von WERMUTH und  SCHEIDT  (16, 17)  verwendet, das
so modifiziert worden war, daß bis zu  20  Variablen verrechnet werden
konnten und das auch die  modellmäßigen Korrelationsmatrizen  der einzelnen  Zwischenschritte lieferte.  In diesem Rechenprogramm wird, ein
wenig abweichend von den obigen Überlegungen,  die Reihenfolge der Re-
duktionsschritte so gesteuert, daß man immer im Rahmen eines sogenannten MULTIPLIKATIVEN MODELLS bleibt.  Dies bedeutet, daß sich die Wahrscheinlichkeitsdichte  f  auf jeder Stufe der Reduktion durch Randverteilungen faktorisieren läßt.  Nähere Einzelheiten hierzu bei  WERMUTH
(16).  Der Vorteil dieser Methode besteht darin, daß keine Iterations-
verfahren benötigt werden,  um die Teststatistiken und die  angepaßten
Modellparameter zu berechnen.


3.3.6  DIE  X – TRANSFORMATION  ZUR  QUASI – NORMALISIERUNG

       DER  BEOBACHTUNGSWERTE

Wie aus den obigen Ausführungen klar hervorgeht, ist die Anwendung der
Kovarianzselektion an die  Voraussetzung der multivariaten  Normalverteilung gebunden. Da die Labordaten, besonders in den Patientenkollektiven,  in der Regel erhebliche Abweichungen von der  Normalverteilung
zeigen,  scheint sich die  Kovarianzselektion zunächst  nicht für  die
Strukturanalyse solcher Daten zu eignen. Eine Inspektion der empirisch
dargestellten zweidimensionalen Randdichtefunktionen zeigt aber,  daß
die Zusammenhänge zwischen der Größen,  wenigstens in den betrachteten
Bereichen, weitgehend monoton sind. Es erscheint daher aussichtsreich,
durch umkehrbar eindeutige Transformationen der Kenngrößen eine  Über-
führung in eine  multivariate  Normalverteilung zu versuchen,  für die
dann die Kovarianzselektion interpretierbar ist.

Weil die Entropie einer Verteilung nicht transformationsinvariant ist,
ist offensichtlich, daß man bei einer normalisierenden  Transformation
die ursprüngliche Datenstruktur verläßt.  Dennoch ist der  Erkenntnis-
wert ganz erheblich,  weil so die wesentlichsten korrelativen  Zusammenhänge erkennbar werden, die von einer Randtransformation unabhängig

sind. Der Durchführung einer solchen Transformation stehen aber in der Anwendung größere Schwierigkeiten entgegen, weil die Transformationen bei den einzelnen Kenngrößen ganz unterschiedlich sein können und darüber hinaus für ein und dieselbe Kenngröße auch noch vom untersuchten Patientenkollektiv abhängen können. Um solche Transformationen zu umgehen, könnte man daran denken, statt der üblichen Produktmomentkorrelationen Rangkorrelationen zu benutzen. Der SPEARMANSCHE Rangkorrelationskoeffizient R ist jedoch keine erwartungstreue Schätzung für $\rho$. Ein nach der bekannten (29) Umrechnungsformel: $\hat{\rho} = 2\sin\left(\frac{\pi}{6}R\right)$ geschätzter Korrelationskoeffizient ist zwar asymptotisch erwartungstreu, aber die mit dieser Transformation zusammengestellte Matrix braucht keineswegs positiv definit zu sein.

Einen Ausweg aus dieser Schwierigkeit bietet die Anwendung der von VAN DER WAERDEN (29) stammenden X – TRANSFORMATION. Bei dieser Transformation werden die Daten zunächst nach der üblichen Methode in Ränge $R_i$ verwandelt, die dann mit der Formel: $Y_i = R_i/(n+1)$ in das offen Intervall (0,1) abgebildet werden. Mit diesen Rangzahlen $Y_i$ wird dann die Normalverteilung nachgebildet, das heißt, es werden neue Rangzahlen $X_i$ berechnet nach der Formel:

$$X_i = \phi^{-1}(Y_i) \tag{63}$$

Hierbei ist $\phi^{-1}$ das inverse Normalverteilungsintegral. Die Rangzahlen $X_i$ sollen im folgenden X – RÄNGE, die mit ihnen gebildeten Produktmomentkorrelationskoeffizienten X – RANGKORRELATIONEN genannt werden. Die X – Ränge sind zwar nicht normalverteilt, weil sie als Ränge diskretisierte Werte darstellen, aber ihre empirische Verteilungsfunktion liegt bis auf den Faktor: $(n+1)/n$ an den Sprungstellen genau auf der Verteilungsfunktion der standardisierten Normalverteilung.

Man umgeht also mit diesem Verfahren die zeitraubende, datengesteuerte Suche nach geeigneten Transformationen für die einzelnen Kenngrößen. Zudem hat man ein standardisiertes und damit einheitliches Verfahren bei allen Datensätzen.

## 4. ERGEBNISSE

### 4.1 DAS VERHALTEN DER PRÜFGRÖSSEN

### 4.1.1 DIE MULTIVARIABLE PRÜFGRÖSSE $V^2$

Das Verhalten der Prüfgröße $V^2$ wurde untersucht für die Kenngrößen des SMA12/60 und die Kenngrößen des SMA 6 plus in Verbindung mit den Werten der GOT, GPT und $\gamma$-GT, wobei die drei letzteren nach der Formel: $Y = \log(X + 1)$ transformiert wurden, um in den Referenzkollektiven approximative Normalverteilungen zu errreichen. Falls die Normalverteilungsannahmen zutreffen, ist die Prüfgröße approximativ $\chi^2$-verteilt mit p Freiheitsgraden, falls p Kenngrößen zu ihrer Berechnung benutzt werden. Der folgenden Aufstellung ist zu entnehmen, in wieviel Fällen die Prüfgröße $V^2$ bei den verschiedenen Kollektiven das $(1 - \alpha)$ - Quantil der $\chi^2$-Verteilung überschreitet für $\alpha = 5\%$, $1\%$ und $0,1\%$:

POSITIVE ENTSCHEIDUNGEN MIT DER PRÜFGRÖSSE $V^2$

| Kollektiv | 5 % | 1 % | 0,1 % | n |
|---|---|---|---|---|
| Referenzpersonen (Männer) | 8,7 % | 0,8 % | 0 % | 252 |
| Referenzpersonen (Frauen) | 8,0 % | 3,4 % | 0,7 % | 436 |
| Hyperparathyreoidismus (Männer) | 100 % | 100 % | 97 % | 34 |
| Hyperparathyreoidismus (Frauen) | 99 % | 99 % | 99 % | 67 |
| Leberzirrhosen (Männer) | 97 % | 91 % | 91 % | 33 |
| Herzinfarkte (Männer) | 100 % | 100 % | 100 % | 42 |
| Mamma - Carcinome (Frauen) | 40 % | 28 % | 15 % | 53 |

Bei den Referenzpersonen liegen die positiven Befunde also ungefähr im Rahmen der Erwartung. Bei allen Patientenkollektiven, mit Ausnahme bei den Frauen mit Mamma - Carcinomen, zeigt die Prüfgröße eine sehr hohe Empfindlichkeit. Es folgt die entsprechende Aufstellung für die Kenngrößen des SMA 6 plus in Verbindung mit den Enzymen GOT, GPT und

$\gamma$- GT. Die Werte bei den Männern mit Herzinfarkten beziehen sich nur auf die Kenngrößen des SMA 6 plus, weil hierbei keine Enzymwerte vorhanden waren.

POSITIVE ENTSCHEIDUNGEN MIT DER PRÜFGRÖSSE $V^2$ (SMA 6 plus)

| Kollektiv | 5 % | 1 % | 0,1 % | n |
|---|---|---|---|---|
| Referenzpersonen (Männer) | 5,3 % | 2,3 % | 0 % | 171 |
| Referenzpersonen (Frauen) | 7,2 % | 2,5 % | 0,7 % | 276 |
| Hyperparathyreoidismus (Männer) | 79 % | 74 % | 56 % | 34 |
| Hyperparathyreoidismus (Frauen) | 85 % | 71 % | 65 % | 67 |
| Leberzirrhosen (Männer) | 97 % | 93 % | 90 % | 29 |
| Herzinfarkte (Männer) | 97 % | 97 % | 90 % | 29 |
| Mamma - Carcinom (Frauen) | 41 % | 31 % | 18 % | 39 |

Es bietet sich also ein ähnliches Bild wie bei den Kenngrößen des SMA12/60. Eine Integration aller klinisch-chemischen Kenngrößen in eine einzige globale Testgröße $V^2$ führt zu einer weiteren Steigerung der Empfindlichkeit, die dann bei allen Patientenkollektiven mit Ausnahme des letzten Kollektives (Frauen mit Mamma-Carcinomen) schon bei einer Irrtumswahrscheinlichkeit von $\alpha$ = 0,1 % bei 100 % liegt.

Das Durchschnittsalter der Patientinnen mit Mamma-Carcinomen lag mit 55 Jahren erheblich über dem der Referenzpersonen. Deshalb wurde versuchsweise das Referenzkollektiv dadurch verkleinert, daß alle unter 35 Jahre alten Personen weggelassen wurden. Danach verblieben noch 101 Referenzpersonen mit vollständigen Profilen. Hierdurch wurde die Empfindlichkeit der rechnerischen Prüfung noch etwas erhöht. Von den 34 Patientinnen mit vollständigen Profilen überschritten 19 ( = 56%) mit der Prüfgröße $V^2$ das 99,9 %-Quantil, 26 ( = 76%) überschritten das 99 %-Quantil und 28 ( = 82%) überschritten das 95 %-Quantil. Drei Werte lagen dicht unter der Signifikanzschwelle und drei waren unauffällig.

ABBILDUNG 1

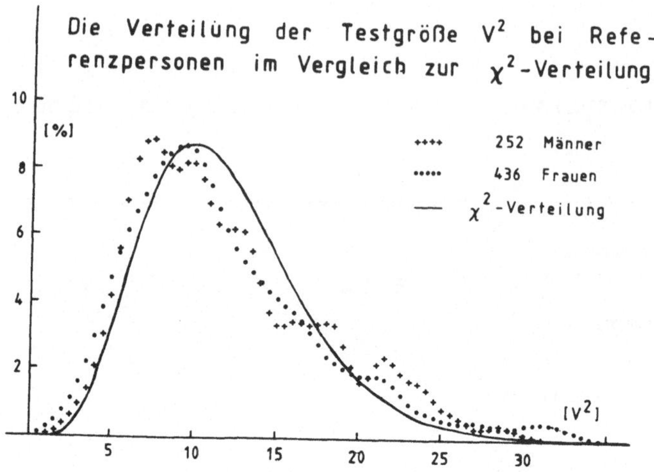


Die empirischen Verteilungen der Prüfgröße $V^2$ wurden für die Kenngrößen des SMA12/60 bei den beiden Referenzkollektiven ermittelt und
und mit der theoretisch vorhergesagten Verteilung verglichen. In der
ABBILDUNG 1 sind die Dichteschätzungen für die beiden Kollektive und
die Dichte der $\chi^2$-Verteilung mit zwölf Freiheitsgraden eingezeich-
net. Man erkennt, daß die beiden empirischen Verteilungen recht gut
durch die $\chi^2$-Verteilung dargestellt werden. Allerdings zeigen beide
Kollektive kleine Nebenmaxima bei höheren $V^2$-Werten. Dies kann mehrere Ursachen haben. Zum einen könnte die Annahme der linearen Altersregression verletzt sein. Am wahrscheinlichsten ist aber wohl, daß in
den Referenzkollektiven kleinere Inhomogenitäten bestehen. Möglicherweise sind nicht alle Referenzpersonen völlig gesund. So beobachtet
man in den Daten in einigen Fällen eine hochsignifikante Erhöhung des
Bilirubins.

Die Verteilung der Prüfgröße $V^2$, über alle Kenngrößen genommen, ist
für die Patientinnen mit Mamma-Carcinomen und für die über 35-jäh-
rigen Frauen aus dem Referenzkollektiv, zum Vergleich mit der $\chi^2$-Ver-
teilung mit 21 Freiheitsgraden, in der ABBILDUNG 2 graphisch dargestellt. Man erkennt, daß einerseits die Verteilung der Prüfgröße $V^2$
bei den Referenzpersonen vorzüglich durch die $\chi^2$-Verteilung dargestellt werden kann, während andererseits die Werte der Patientinnen
deutlich nach oben verschoben sind. Es wurde darauf verzichtet, die
Verteilung der Testgröße für die anderen Kollektive graphisch darzu-

ABBILDUNG  2

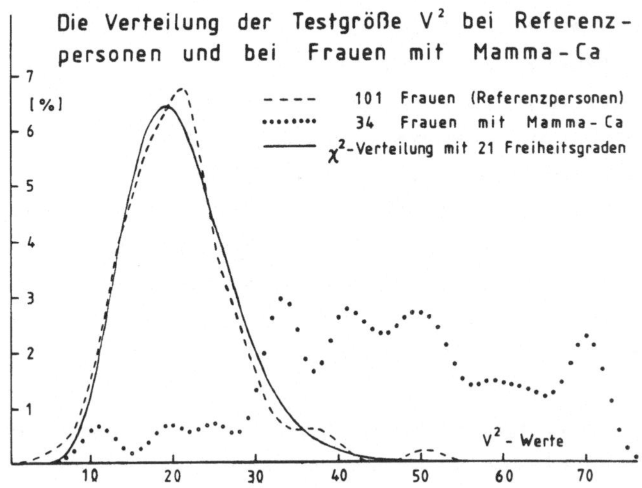


stellen, weil die Werte zum Teil extrem hoch sind. So erreichte die
Prüfgröße $V^2$ für die Kenngrößen des SMA12/60 bei den Männern mit
Leberzirrhose Werte von über 8000.


## 4.1.2   OPTIMALE PARTITIONEN DER KLINISCH - CHEMISCHEN KENNGRÖSSEN

Bei einem fest vorgegebenen Satz klinisch-chemischer Kenngrößen gibt
es zu jeder Krankheit eine Teilmenge dieser Kenngrößen, die auf diese
Krankheit besonders sensibel reagiert, d. h. für die die entsprechende
multivariable Prüfgröße besonders groß ist. Zum Auffinden solcher Muster wurden bei festem Patientenkollektiv für jeden Patienten alle
Kombinationen von je vier der gegebenen Kenngrößen gebildet und die
zugehörige Prüfgröße $V_4^2$ berechnet. Daß jeweils vier Größen ausgewählt wurde, hat pragmatische Gründe: Bei zwei oder drei Größen wären die Ergebnisse noch zu wenig differenziert gewesen und bei fünf
und mehr Größen wächst die Rechenzeit unverhältnismäßig stark an.

Für jede solche Kenngrößenkombination wurden die entsprechenden Prüfgrößen verglichen und die maximale Kombination ausgedruckt. Die Beiträge wurden über alle Patienten gemittelt. Auf diese Weise konnte die
für jede Krankheit charakteristische maximale Kenngrößenkombination
ermittelt werden. Schließlich wurde noch für jedes Kenngrößenpaar ab-
gezählt, wie oft es in einer individuellen Maximalkombination vertre-

ten war. Diese empirischen Häufigkeiten wurden folgendermaßen graphisch dargestellt: Die auf einem großen Kreis angeordneten Kenngrößen sind durch kleine Kreise mit entsprechenden Bezeichnungen symbolisiert. Die mittleren Abweichungen des Patientenkollektivs von den geschätzten, altersspezifischen Erwartungswerten sind durch "+" - oder "-" - Zeichen dargestellt, wobei die Dicke der Zeichen qualitativ die Stärke der Abweichungen (gemessen durch die mittleren t - Werte nach der (Gl. 12) bei der univariaten Prüfung) kennzeichnet. Verbindungslinien zwischen den Kreisen deuten an, wie oft die entsprechenden Kenngrößenpaare in den maximalen Viererkombinationen bei den Patienten vorkommen. Dieses graphische Abweichungsmuster soll im folgenden als Bild der DIAGNOSTISCHEN WERTIGKEIT der Kenngrößen bezüglich des jeweiligen Patientenkollektivs bezeichnet werden.

Der folgenden Aufstellung ist zu entnehmen, welche der Kenngrößen des SMA12/60 bei den Patientenkollektiven als Maximalkombinationen auftreten. Die letzte Spalte enthält die Mittelwerte der mit diesen Kenngrößen berechneten viervariablen Prüfgröße $v^2$.

| Kollektiv | Maximalkombination | | | | $\overline{v^2}$ |
|---|---|---|---|---|---|
| Hyperparathyreoidismus (Männer) | Na | Cl | <u>Alb</u> | <u>Ca</u> | 150,9 |
| Hyperparathyreoidismus (Frauen) | <u>Na</u> | Cl | Alb | <u>Ca</u> | 191,9 |
| Leberzirrhosen (Männer) | Na | <u>Alb</u> | H-N | <u>Bil</u> | 404,5 |
| Herzinfarkte (Männer) | <u>Na</u> | Alb | <u>Kre</u> | Bil | 252,2 |
| Mamma - Carcinome (Frauen) | Cl | <u>Alb</u> | P | Chol | 9,7 |

Hierbei wurden die beiden klinisch - chemischen Kenngrößen unterstrichen, die die größten (signifikanten) Abweichungen von den altersspezifischen Erwartungswerten aufweisen. Die Patientinnen mit Mamma - Carcinomen wurden mit den über 35 - jährigen Frauen aus dem Referenzkollektiv verglichen.

Es folgt die entsprechende Aufstellung für die Kenngrößen des SMA 6 plus, in Verbindung mit den Werten der GOT, GPT und $\gamma$ - GT, wobei für das Kollektiv der Männer mit Herzinfarkten nur die Werte des SMA 6 berücksicht werden konnten:

| Kollektiv | Maximalkombination | | | | $\overline{V^2}$ |
|---|---|---|---|---|---|
| Hyperparathyreoidismus (Männer) | Cu | AP | SP | GOT | 68,6 |
| Hyperparathyreoidismus (Frauen) | Glu | AP | Mg | SP | 115,5 |
| Leberzirrhosen (Männer) | Glu | AP | GOT | GPT | 103,8 |
| Herzinfarkte (Männer) | Cu | Glu | AP | Mg | 153,9 |
| Mamma - Carcinome (Frauen) | Glu | AP | GOT | $\gamma$ - GT | 22,5 |

Man sieht, daß das Albumin und die alkalische Phosphatase in allen mittleren Maximalkombinationen vertreten sind. Eine hohe Empfindlichkeit zeigen auch das Natrium und die Glukose.

Das 95 % - Quantil der $\chi^2$ - Verteilung mit vier Freiheitsgraden ist 9,49. Da die maximale Viererkombination bei den Kenngrößen des SMA12/60 jedesmal aus 495 möglichen Kombinationen herausgesucht wurde, ist der Wert von $V^2$ = 9,7 bei den Frauen mit Mamma - Carcinomen nicht als signifikant anzusehen.

## 4.1.3 DER VERGLEICH DER KOLLEKTIVE

### LAGEUNTERSCHIEDE ZWISCHEN DEN KOLLEKTIVEN

In den TABELLEN 2 und 3 sind die Mittelwerte und die Standardabweichungen für die betrachteten klinisch - chemischen Kenngrößen wiedergegeben. Eine Inspektion der Daten und eine Berechnung der Schiefe- und Exzeßmaße ergab bei den Referenzkollektiven keine so erheblichen Abweichungen von einer Normalverteilung, daß eine Transformation der Größen angezeigt gewesen wäre. Eine Ausnahme hiervon bilden die Werte der Enzyme GOT, GPT und $\gamma$ - GT, die eine so große Schiefe zeigten, daß eine normalisierende Transformation unerläßlich war. Die nach der Formel: Y = log(X + 1) transformierten Werte ergaben bei den Referenzkollektiven befriedigend angenäherte Normalverteilungen. Daher wurde diese Transformation durchgehend bei den Enzymen angewandt. Lediglich die Werte der $\gamma$ - GT erwiesen sich auch nach der Transformation noch als leicht schief. Eine merkliche Schiefe zeigten auch noch die Bilirubinwerte. Doch waren die Abweichungen nicht so gravierend,

TABELLE 2

Die Mittelwerte und Standardabweichungen für die Kenngrößen des Autoanalyzers  SMA12/60

| Kollektiv | Na | K | Cl | GE | Alb | P | Chol | H - N | Ca | Kre | Bil | HS |
|---|---|---|---|---|---|---|---|---|---|---|---|---|
| Referenzpersonen | 142,9 | 4,28 | 105,7 | 72,2 | 46,0 | 1,06 | 215,4 | 15,15 | 2,45 | 1,09 | 0,61 | 6,01 |
| (Männer) ± | 2,00 | 0,32 | 2,23 | 3,92 | 2,45 | 0,16 | 40,3 | 3,37 | 0,10 | 0,17 | 0,31 | 1,07 |
| Referenzpersonen | 141,8 | 4,25 | 106,2 | 70,9 | 44,1 | 1,14 | 213,3 | 13,17 | 2,40 | 0,90 | 0,47 | 4,59 |
| (Frauen) ± | 2,00 | 0,33 | 2,34 | 3,86 | 2,62 | 0,17 | 39,7 | 3,54 | 0,10 | 0,17 | 0,22 | 0,79 |
| Hyperparathyr. | 141,4 | 4,33 | 106,8 | 71,8 | 44,0 | 0,77 | 227,8 | 18,06 | 3,16 | 1,30 | 0,63 | 6,81 |
| (Männer) ± | 2,32 | 0,49 | 4,58 | 5,19 | 5,45 | 0,16 | 61,5 | 9,74 | 0,37 | 0,46 | 0,34 | 1,43 |
| Hyperparathyr. | 140,9 | 4,21 | 106,5 | 70,0 | 42,5 | 0,77 | 229,3 | 16,64 | 3,23 | 1,15 | 0,56 | 5,80 |
| (Frauen) ± | 3,08 | 0,51 | 3,80 | 5,31 | 3,82 | 0,20 | 47,7 | 8,96 | 0,55 | 0,57 | 0,23 | 1,76 |
| Leberzirrhosen | 137,0 | 4,11 | 103,7 | 68,3 | 32,6 | 0,95 | 165,6 | 19,39 | 2,18 | 1,06 | 3,21 | 6,19 |
| (Männer) ± | 5,00 | 0,58 | 5,52 | 9,68 | 6,20 | 0,26 | 81,8 | 16,74 | 0,21 | 0,30 | 4,70 | 1,75 |
| Herzinfarkte | 139,8 | 4,38 | 101,7 | 66,8 | 33,0 | 0,92 | 181,9 | 20,91 | 2,21 | 1,93 | 1,92 | 6,73 |
| (Männer) ± | 6,51 | 0,76 | 7,50 | 12,0 | 7,15 | 0,36 | 86,8 | 16,10 | 0,21 | 1,78 | 1,70 | 2,45 |
| Mamma - Carcinome | 142,3 | 4,31 | 105,1 | 72,3 | 45,0 | 1,04 | 251,2 | 14,76 | 2,45 | 0,86 | 0,51 | 4,85 |
| (Frauen) ± | 2,16 | 0,41 | 3,01 | 5,65 | 4,28 | 0,19 | 61,6 | 4,37 | 0,13 | 0,18 | 0,22 | 0,96 |

TABELLE   3

Die Mittelwerte und Standardabweichungen für die Kenngrößen des Autoanalyzers   SMA 6 plus
und die Enzyme   GOT,   GPT   und $\gamma$ - GT

| Kollektiv | Fe | Cu | Glu | AP | Mg | SP | GOT | GPT | $\gamma$ - GT |
|---|---|---|---|---|---|---|---|---|---|
| Referenzpersonen | 19,3 | 16,4 | 87,8 | 55,3 | 0,85 | 5,10 | 10,7 | 13,0 | 14,6 |
| (Männer) | ± 6,3 | 2,45 | 16,5 | 14,8 | 0,09 | 1,30 | 3,0 | 6,0 | 9,5 |
| Referenzpersonen | 19,5 | 20,8 | 78,9 | 48,6 | 0,83 | 4,80 | 9,4 | 9,8 | 9,4 |
| (Frauen) | ± 7,3 | 6,0 | 13,5 | 13,7 | 0,07 | 1,29 | 2,6 | 3,3 | 5,1 |
| Hyperparathyr. | 17,6 | 20,0 | 99,4 | 127,4 | 0,97 | 6,89 | 12,7 | 19,3 | 26,2 |
| (Männer) | ± 8,1 | 4,3 | 21,1 | 86,7 | 0,12 | 2,82 | 9,9 | 19,0 | 27,5 |
| Hyperparathyr. | 16,9 | 22,3 | 97,2 | 140,4 | 0,97 | 6,17 | 11,1 | 14,1 | 17,7 |
| (Frauen) | ± 7,8 | 5,3 | 29,5 | 99,9 | 0,15 | 2,75 | 5,5 | 8,3 | 14,8 |
| Leberzirrhosen | 16,5 | 19,2 | 135,2 | 143,2 | 0,94 | 5,25 | 35,4 | 24,0 | 95,6 |
| (Männer) | ± 14,3 | 27,0 | 48,8 | 86,1 | 0,12 | 2,38 | 35,2 | 16,1 | 138,5 |
| Herzinfarkte | 25,1 | 21,4 | 202,6 | 150,7 | 1,04 | 6,36 | - | - | - |
| (Männer) | ± 15,5 | 5,8 | 106,9 | 79,5 | 0,32 | 1,68 | - | - | - |
| Mamma – Carcinome | 17,9 | 19,9 | 87,9 | 71,1 | 0,90 | 4,72 | 14,2 | 14,1 | 24,4 |
| (Frauen) | ± 7,0 | 4,6 | 35,3 | 40,2 | 0,09 | 1,83 | 24,9 | 15,2 | 43,1 |

so daß auf eine Transformation verzichtet wurde. Ein Vergleich der beiden Referenzkollektive zeigt, daß die Männer gegenüber den Frauen leicht erhöhte Calcium- und Albuminwerte aufweisen. Deutlicher erhöht sind die Werte des Kreatinins, des Bilirubins, der Harnsäure und des Harnstoff-Stickstoffs. 89 Prozent der Frauen haben niedrigere Kreatininwerte und 97 Prozent der Frauen haben niedrigere Harnsäurewerte als es den geschätzten altersspezifischen Erwartungswerten bei den Männern entspricht. Bei dem Vergleich der Werte des SMA 6 plus und der Enzyme fällt zunächst eine deutliche Erhöhung des Kupferspiegels bei den Frauen auf. Eine hochsignifikante positive Schiefe in den Daten und die im Vergleich große Standardabweichung deuten darauf hin, daß hierfür stark erhöhte Einzelwerte verantwortlich sind. Ansonsten fällt eine Erhöhung der Werte der Glukose und der alkalischen sowie der sauren Phosphatase bei den Männern auf. Hochsignifikant sind die Erhöhungen der GOT-, GPT- und $\gamma$-GT-Werte bei den Männern gegenüber den Frauen.

ABBILDUNG 3

ABBILDUNG 4

Die diagnostische Wertigkeit der Kenngrößen des SMA12/60 bei Männern mit Hyperparathyreoidismus (n = 34)

Die diagnostische Wertigkeit der Kenngrößen des SMA12/60 bei Frauen mit Hyperparathyreoidismus (n = 67)

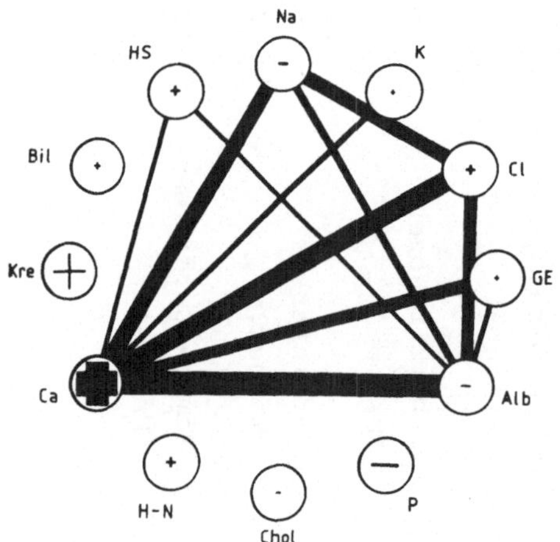


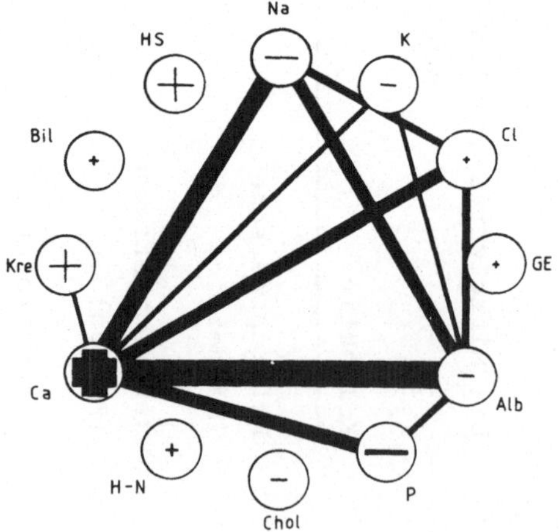


In den ABBILDUNGEN 3 und 4 sind die Abweichungen der Kenngrößen des Autoanalyzers SMA12/60 von den geschätzten altersspezifischen Erwartungswerten für die Männer und Frauen mit primärem HYPERPARATHY-REOIDISMUS als Bilder der "diagnostischen Wertigkeit" der Kenngrößen durch graphische ABWEICHUNGSSTRUKTUREN anschaulich dargestellt. In ihnen kommt das kollektivkonforme Verhalten der Größen plastisch zum Ausdruck. In den Bildern imponiert besonders die massive Erhöhung des Calciums bei beiden Kollektiven. Gleichzeitig kommt es zu einer Abnahme des anorganischen Phosphors und zu einer Zunahme des Kreatinins und der Harnsäure. Außerdem sind die Abnahme des Natriums und die Zunahme des Chlorids von Bedeutung. Auffallend ist die große Ähnlichkeit der Bilder bei Männern und Frauen. Diese Ähnlichkeit erstreckt sich cum

ABBILDUNG 5

ABBILDUNG 6

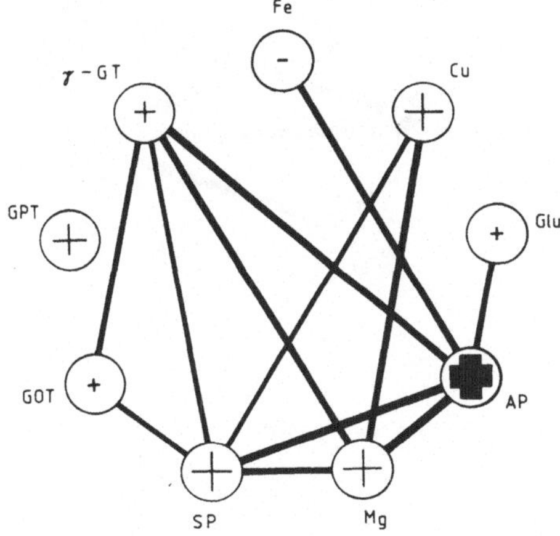


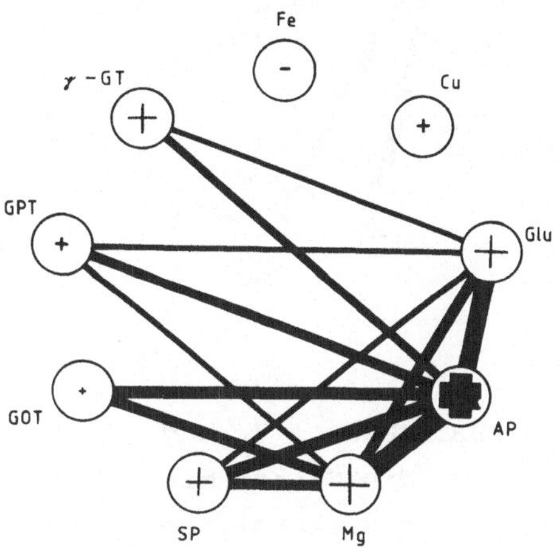


grano salis auch auf die entsprechenden Bilder bei den Kenngrößen des SMA 6 plus und den GOT-, GPT- und $\gamma$-GT-Werten, die in den ABBIL-DUNGEN 5 und 6 dargestellt sind. Hier ist das Abweichungsmuster bei den Frauen stärker ausgeprägt, hauptsächlich wegen des größeren Stichprobenumfangs. Beide Bilder werden beherrscht durch die starke Erhöhung der alkalischen Phosphatase, die Anhebung der sauren Phosphatase und des Magnesiums und die Abnahme des Eisens. Auch die Enzyme GOT, GPT und $\gamma$-GT sind erhöht. Weitgehend kollektivkonform verhalten sich die beiden Kollektive außer in dem Calcium noch in den Albuminwerten und in der alkalischen Phosphatase. Das Größenpaar: ALBUMIN - CALCIUM ist in allen maximalen Viererkombinationen vertreten.

ABBILDUNG 7                                      ABBILDUNG 8

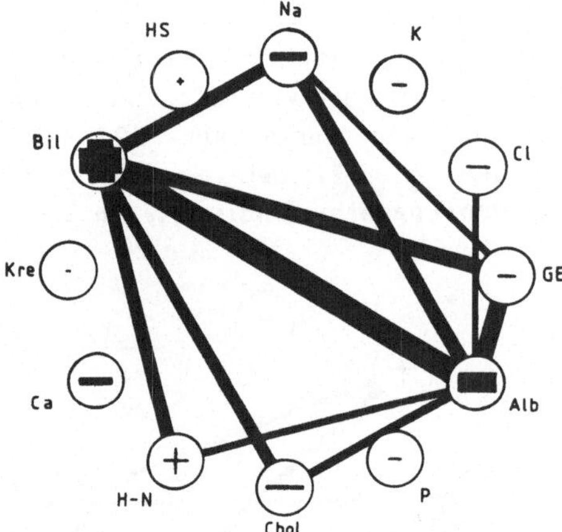

Die diagnostische Wertigkeit der Kenngrößen des SMA12/60 bei Männern mit Leberzirrhose (n = 33)

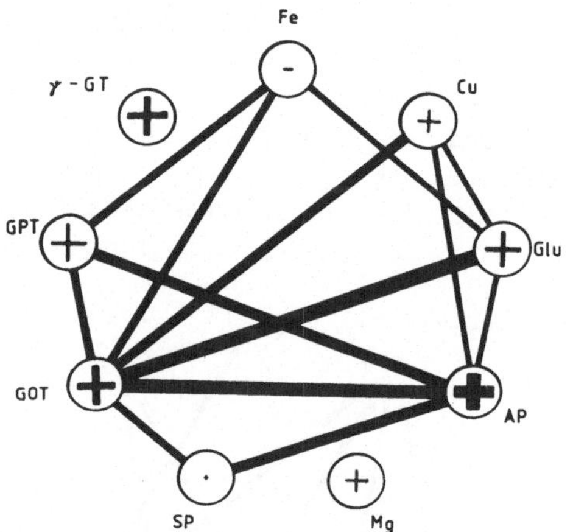

Die diagnostische Wertigkeit der Kenngrößen des SMA6 plus und der Werte der GOT, GPT und $\gamma$-GT bei Männern mit Leberzirrhose (n = 29)

Die ABBILDUNGEN 7 und 8 zeigen die entsprechenden Abweichungsmuster für die Männer mit LEBERZIRRHOSE. Es fällt eine allgemeine Absenkung des Elektrolytspiegels und eine starke Erniedrigung des Albumins auf. Eine starke Erhöhung des Bilirubins, in Verbindung mit einer leicht positiven Korrelation zwischen Albumin und Bilirubin bei den Referenzpersonen, führt dazu, daß das Größenpaar: ALBUMIN - BILIRUBIN am stärksten im Bild der diagnostischen Wertigkeit erscheint. Weiter bemerkt man eine starke Erhöhung der alkalischen Phosphatase, verbunden mit einer Zunahme der GOT, GPT und $\gamma$-GT. Hierbei weist die mathematische Analyse der GOT eine zentrale Rolle zu, da sie in fast allen maximalen Viererkombinationen enthalten ist. Von Interesse sind noch die Erhöhungen von Kupfer, Magnesium und Glukose.

ABBILDUNG   9

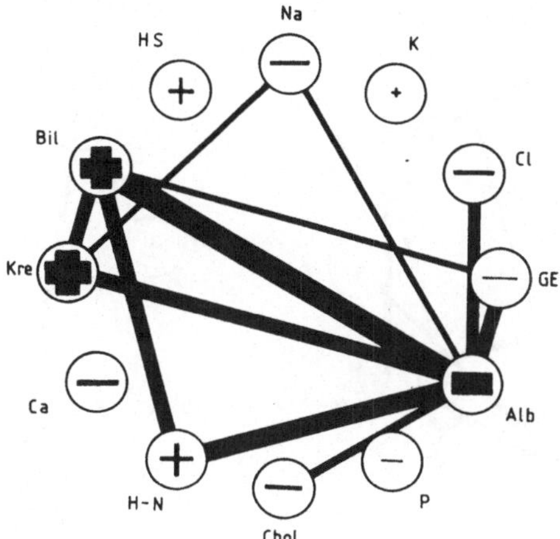


Bei den Männern mit  HERZINFARKTEN  zeigt das Bild der  diagnostischen
Wertigkeit  der  Kenngrößen des  SMA12/60  in der  ABBILDUNG 9  eine
gewisse Ähnlichkeit mit dem Bild bei den Männern mit   LEBERZIRRHOSEN.
Auch  hier  sind  die  Elektrolyte  stärker  abgesenkt,  ist das  Albumin
stark erniedrigt und das  Bilirubin entsprechend stark erhöht.  Allerdings ist bei den  Herzinfarktpatienten das  Kreatinin in weitaus mehr
Fällen und  viel stärker  erhöht als bei den  Leberzirrhotikern.  Auch
liegen die  Harnsäure - und die  Harnstoff - Stickstoff - Werte ziemlich
stark über dem Erwartungswert.

Auch für die  klinisch - chemischen Kenngrößen des  SMA 6 plus  war die
multivariable  Prüfgröße $V^2$ hochsignifikant erhöht.  In allen Fällen
war die alkalische Phosphatase und in fast allen Fällen war die Glukose erhöht, doch wurde hier auf eine graphische Darstellung verzichtet.

Das Alter der Patienten lag zwischen  18  und  78  Jahren. Bei der Interpretation der Ergebnisse muß berücksichtigt werden,  daß die gemessenen Profile nicht gleich bei der Einlieferung,  sondern erst im Ver-

ABBILDUNG 10

ABBILDUNG 11

Die diagnostische Wertigkeit
der Kenngrößen des SMA12/60
bei Frauen mit Mamma-Ca
(n = 53)

Die diagnostische Wertigkeit
der Kenngrößen des SMA6plus
und der Werte der GOT, GPT
und $\gamma$-GT bei Frauen mit
Mamma-Ca (n = 39)

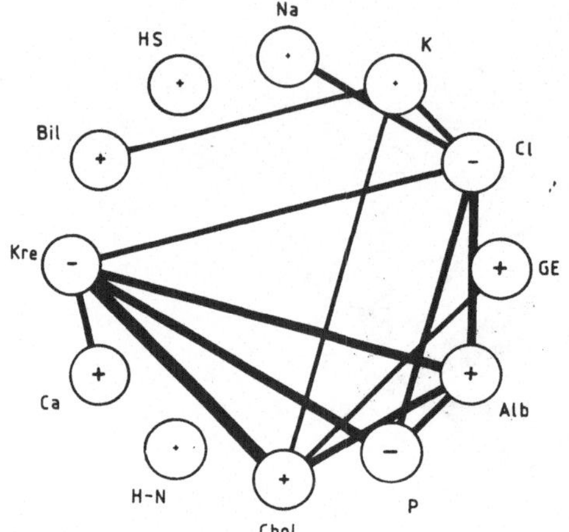


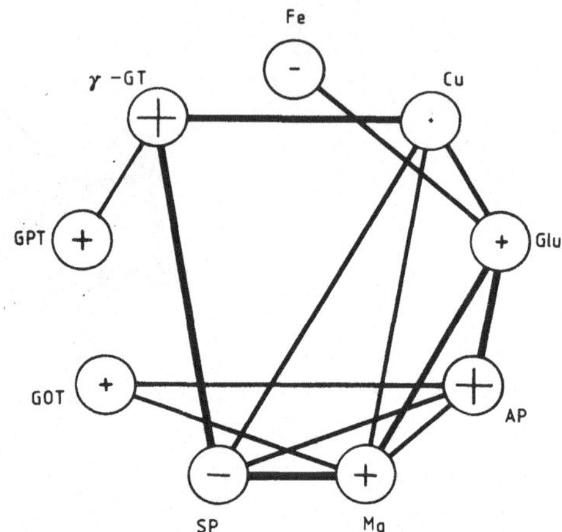


lauf der stationären Behandlung erhoben worden waren.

Die Auswertung der Daten bei den Frauen mit MAMMA-CARCINOMEN ergab bei diesem Kollektiv kein einheitliches Bild. Obwohl die multivariable Prüfgröße bei einem Teil der Patientinnen hochsignifikant erhöht war, war sie bei anderen völlig unauffällig. Es ließ sich auch kein Zusammenhang erkennen zwischen der Höhe der Prüfgröße und der Schwere der Erkrankung, angegeben durch die Einordnung nach der TNM-Klassifikation. Eine genauere Durchsicht der Rechenprotokolle zeigt jedoch, daß die signifikanten Profile in den meisten Fällen gekennzeichnet sind durch eine Absenkung des Chlorids, dafür eine Anhebung des Gesamteiweißes, des Albumins, des Cholesterins und oft auch des Calciums. Weil das jedoch nicht immer so ist, kommt dies in den Mittelwerten nur wenig zur Geltung. Bei den restlichen Profilen zeigen sich signifikante Anhebungen der alkalischen Phosphatase, des Magnesiums und der $\gamma$-GT. Ein Blick auf die ABBILDUNGEN 10 und 11 zeigt, daß die gefundenen Abweichungsmuster zwar vorhanden, jedoch nur wenig ausgeprägt sind.

## 4.2    DIE STRUKTUR DER DATEN

### 4.2.1    DIE DARSTELLUNG DER STRUKTURKERNE

Während die multivariable Prüfgröße $v^2$ die Lageveränderungen der Probandenwerte in bezug auf ein Referenzkollektiv quantitativ erfaßt, prüft die Kovarianzselektion den inneren Zusammenhalt der Daten, wie er in den Korrelationen zwischen den klinisch‑chemischen Kenngrößen zum Ausdruck kommt. Wegen der Schiefe der Verteilungen erwies es sich als notwendig, die Daten zumindest in den Randverteilungen so gut wie möglich mit Hilfe von Transformationen zu normalisieren. Hier wurde durchgehend die formal einheitliche X‑Transformation von VAN DER WAERDEN durchgeführt.

Die korrelativen Zusammenhänge, die sich einer Zerlegung im Verlauf der Kovarianzselektion bis zuletzt widersetzten, sind in den folgenden Abbildungen als STRUKTURKERNE graphisch dargestellt, wie im theoretischen Teil erläutert. Zu den Bildern gehören noch Korrelationstabellen, die zunächst die berechneten X‑Rangkorrelationskoeffizienten für die einzelnen Kollektive enthalten, sodann aber auch die dem jeweiligen korrelativen Strukturkern entsprechenden modellmäßigen, nach der Maximum‑Likelihood‑Methode geschätzten verbleibenden Korrelationen. Die Tabellen enthalten jeweils im oberen Dreieck die Korrelationen, im unteren Dreieck die berechneten partiellen Korrelationen zwischen den Größen. Alle Korrelationskoeffizienten sind zweistellig und in Prozent ( = $100 \times r$ ) angegeben.

Die korrelativen Strukturkerne stellen, wie bereits gesagt, ein Modell auf einer bestimmten Stufe der Kovarianzselektion dar. Ob das Modell die Datenstruktur hinreichend genau beschreibt, läßt sich aus dem bei der Kovarianzselektion mitberechneten Signifikanzniveau ablesen. Hierbei zeigte es sich, daß diese Modelle bei den Referenzpersonen schon ein zu grobes Bild der wahren Struktur liefern. Dennoch sollen aus dem Grund der VERGLEICHBARKEIT der einzelnen Kollektive mit unterschiedlichen Stichprobenumfängen nur die Strukturkerne als die wichtigsten Bestandteile einer korrelativen Struktur betrachtet werden.

Die Wiedergabe der Rechenergebnisse beschränkt sich auf die Korrelationen zwischen den klinisch‑chemischen Kenngrößen des SMA12/60 sowie des SMA 6 plus in Verbindung mit den Enzymwerten. Das Alter der Personen wird hierbei mit eingeschlossen.

## 4.2.2    DER VERGLEICH DER KOLLEKTIVE

### 4.2.2.1    Die Referenzkollektive

Die TABELLEN 4 und 5 enthalten die X-Rangkorrelationen für die
Männer und Frauen aus den Referenzkollektiven. Die ABBILDUNGEN 12 und
13 zeigen die Bilder der Strukturkerne und die TABELLEN 6 bzw. 7
die dazu gehörenden Modellmatrizen. Die dort angegebenen Determinanten
lassen einen Rückschluß auf die Strukturintensität bzw. die Entropie
in den Daten zu. Außerdem ist bei den Bildern jedesmal eine symboli-
sche Bezeichnung des zugehörigen multiplikativen Modells angegeben,
die auf WERMUTH (16) zurückgeht und die am Beispiel der Männer erläutert sei. Wird das Alter der Personen durch den Buchstaben A gekennzeichnet, so läßt sich der Strukturkern folgendermaßen symbolisie-
ren:

/A Alb/A Chol/Na Cl Ca/Na Cl Bil/                              $(\triangle)$
/GE Alb Ca/H - N Kre/Kre HS/K/P/

Die innerhalb zweier Schrägstriche stehenden Größen bilden jeweils ein
korrelierendes System. Haben zwei Systeme keine Größen gemeinsam, so
sind sie (im Rahmen des Modells) voneinander partiell unabhängig. Haben zwei Systeme S und S′ dagegen ein Untersystem $S_1$ gemeinsam,
ist etwa S = $S_1S_2$ und S′ = $S_1S_3$, so bedeutet die Schreibweise:
/$S_1S_2$/$S_1S_3$/, daß die Untersysteme $S_2$ und $S_3$ voneinander partiell
unabhängig sind, wenn man das Untersystem $S_1$ festhält, d.h. wenn
man nur Kollektive betrachtet, in denen alle Personen bezüglich $S_1$
identische Werte haben. Greift man etwa das zweite und vierte System
aus der Darstellung $(\triangle)$ heraus, so läßt sich aus der Schreibweise
/Na Cl Ca/GE Alb Ca/ ablesen, daß die Konstellation "Natrium - Chlorid" von der Konstellation "Gesamteiweiß - Albumin" partiell unabhängig ist bei festgehaltenem Calcium. Ebenso läßt sich aus der Darstellung $(\triangle)$ ablesen, daß die Größen "Kalium" und "Phosphor" von
allen anderen Größen unabhängig sind im Rahmen des Modells.

Betrachtet man zunächst die Altersabhängigkeiten, so sieht man, daß
eine Verschiebung in den Schwerpunkten stattfindet. Während die positive Korrelation zwischen dem Alter und dem Cholesterin bei beiden Referenzkollektiven praktisch gleich groß ist, zeigt sich bei den Frau-
en eine erheblich geringere Abnahme des Albumins mit dem Alter. Weil
bei den Männern das Albumin mit dem Alter stark abnimmt, die partielle
Korrelation zwischen dem Alter und dem Gesamt - Eiweiß aber praktisch

TABELLE 4

X - Rangkorrelationen für das Alter und die Kenngrößen des SMA12/60 (obere Hälfte) und partielle Korrelationen (untere Hälfte) bei Männern (252 Referenzpersonen). Angaben in 100 x r

| | Alter | Na | K | Cl | GE | Alb | P | Chol | H-N | Ca | Kre | Bil | HS |
|---|---|---|---|---|---|---|---|---|---|---|---|---|---|
| Alter | | -1o | o7 | o9 | -21 | -39 | -11 | 44 | 15 | -2o | -15 | -21 | -o2 |
| Na | -o1 | | -o7 | 51 | 12 | 23 | 11 | -o1 | 16 | 19 | 28 | 13 | 12 |
| K | o2 | -18 | | o3 | o9 | o5 | o2 | 17 | o1 | 16 | 11 | -o9 | 15 |
| Cl | o6 | 57 | 15 | | -17 | -o6 | o2 | -o3 | 16 | -17 | o9 | -13 | -o1 |
| GE | -o1 | o7 | o5 | -14 | | 62 | -14 | o9 | -o3 | 53 | o3 | 21 | 17 |
| Alb | -32 | o5 | -o5 | o8 | 43 | | -o1 | o1 | o2 | 62 | 15 | 24 | 1o |
| P | -13 | 11 | o5 | -1o | -15 | oo | | -o6 | 21 | -o1 | 16 | -o6 | -o3 |
| Chol | 45 | o2 | 13 | -o8 | o5 | 11 | -o1 | | 17 | o7 | -oo | -o4 | 17 |
| H - N | 16 | -o1 | -o6 | 12 | -oo | o4 | 2o | 11 | | o2 | 31 | o4 | o8 |
| Ca | o6 | 17 | 17 | -21 | 18 | 4o | o2 | -o1 | o1 | | 14 | 21 | 2o |
| Kre | -11 | 2o | 13 | -o6 | -1o | o5 | o7 | -o3 | 27 | -oo | | 16 | 26 |
| Bil | -11 | 13 | -o9 | -16 | o5 | o3 | -11 | o2 | o5 | o5 | 12 | | o1 |
| HS | -o6 | o6 | o7 | -o3 | 1o | -o9 | -o7 | 15 | oo | 1o | 23 | -o7 | |

Die Determinante ist = 0,060685

TABELLE 5

X - Rangkorrelationen für das Alter und die Kenngrößen des SMA12/60 (obere Hälfte) und partielle Korrelationen (untere Hälfte) bei Frauen (436 Referenzpersonen). Angaben in 100 x r

| | Alter | Na | K | Cl | GE | Alb | P | Chol | H-N | Ca | Kre | Bil | HS |
|---|---|---|---|---|---|---|---|---|---|---|---|---|---|
| Alter | | 11 | o5 | -o1 | -22 | -14 | -o7 | 4o | 23 | -15 | o3 | o3 | 1o |
| Na | 16 | | o4 | 43 | 17 | 27 | o6 | 1o | 17 | 28 | 21 | 18 | o2 |
| K | o5 | -o7 | | o4 | -o1 | o8 | 16 | o7 | 13 | 17 | 14 | -o6 | o5 |
| Cl | -o9 | 51 | o7 | | -14 | -o5 | -16 | -o9 | o8 | -11 | 11 | -o8 | -14 |
| GE | -15 | o6 | -o9 | -o9 | | 62 | 17 | -o1 | -o1 | 47 | o4 | 16 | 14 |
| Alb | -o3 | o8 | o4 | o2 | 48 | | 15 | o7 | o7 | 54 | 14 | 2o | o6 |
| P | -o6 | 12 | 15 | -21 | o8 | o3 | | -o3 | 11 | 14 | o2 | -o3 | o1 |
| Chol | 37 | o5 | o2 | -13 | -o1 | o7 | -o7 | | 19 | o7 | 12 | -oo | 1o |
| H - N | 17 | o4 | o7 | o7 | -o3 | o3 | 13 | o9 | | o5 | 26 | 14 | o9 |
| Ca | -14 | 24 | 16 | -18 | 15 | 31 | -o1 | o4 | -o1 | | 17 | 11 | 17 |
| Kre | -o7 | o6 | 1o | o9 | -o7 | o4 | -oo | o9 | 18 | o7 | | 22 | 17 |
| Bil | o3 | 16 | -o8 | -18 | o5 | 11 | -1o | -o9 | 1o | -o6 | 19 | | o6 |
| HS | 11 | -o1 | o1 | -11 | 12 | -o9 | -o4 | o1 | o3 | 12 | 15 | -o1 | |

Die Determinante ist = 0,1049490

ABBILDUNG   12

Der  Strukturkern  für  das  Alter
und  die  Kenngrößen  des  SMA12/60
bei  Referenzpersonen  (252 Männer)

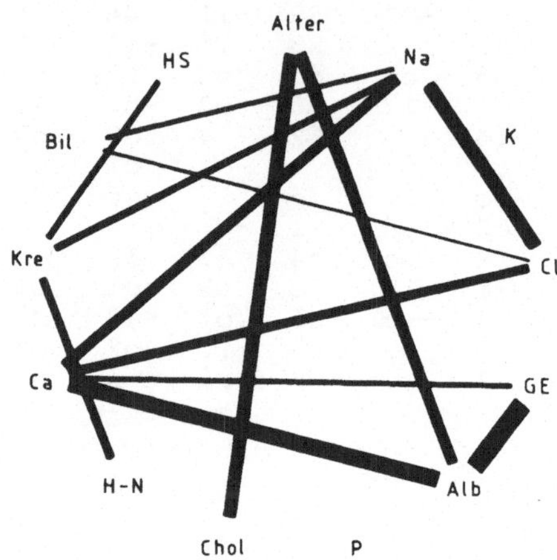


MODELL:   /A Alb/A Chol/Na Cl Ca/Na Cl Bil/GE Alb Ca/H-N Kre/Kre HS/
          /K/P/

TABELLE   6

An den Strukturkern angepaßte Korrelationen bei Männern (252 Referenzpersonen).  Strukturelle  Nullkorrelationen sind durch  "."   markiert

| | Alter | Na | K | Cl | GE | Alb | P | Chol | H-N | Ca | Kre | Bil | HS |
|---|---|---|---|---|---|---|---|---|---|---|---|---|---|
| Alter | | -o5 | o | o4 | -24 | -39 | o | 43 | -oo | -24 | -o1 | -o2 | -oo |
| Na | . | | o | 51 | 1o | 12 | o | -o2 | o9 | 19 | 28 | 13 | o8 |
| K | . | . | | o | o | o | o | o | o | o | o | o | o |
| Cl | . | 56 | . | | -o9 | -11 | o | o2 | o4 | -17 | 14 | -13 | o4 |
| GE | . | . | . | . | | 62 | o | -11 | o1 | 53 | o3 | o5 | o1 |
| Alb | -26 | . | . | . | 42 | | o | -17 | o1 | 62 | o3 | o6 | o1 |
| P | . | . | . | . | . | . | | o | o | o | o | o | o |
| Chol | 41 | . | . | . | . | . | . | | -oo | -11 | -o1 | -o1 | -oo |
| H - N | . | . | . | . | . | . | . | . | | o2 | 31 | o1 | o8 |
| Ca | . | 24 | . | -24 | 23 | 39 | . | . | . | | o5 | 1o | o1 |
| Kre | . | 22 | . | . | . | . | . | . | 29 | . | | o4 | 26 |
| Bil | . | 21 | . | -22 | . | . | . | . | . | . | . | | o1 |
| HS | . | . | . | . | . | . | . | . | . | 24 | . | | |

Die Determinante ist  =  O,113139

ABBILDUNG   13

Der  Strukturkern  für  das  Alter
und  die  Kenngrößen  des  SMA12/60
bei  Referenzpersonen  (436 Frauen)

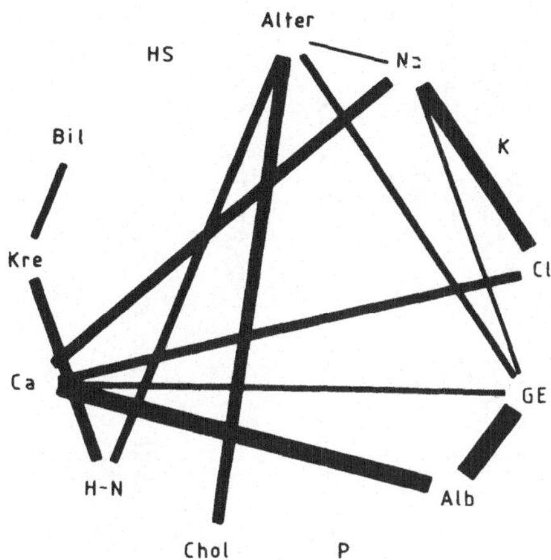


MODELL:   /A Na GE/A Chol/A H-N/Na Cl Ca/Na GE Ca/GE Alb Ca/H-N Kre/
/Kre Bil/K/P/

TABELLE   7

An den Strukturkern angepaßte Korrelationen bei Frauen (436   Referenzpersonen).  Strukturelle  Nullkorrelationen sind durch  "."   markiert

| | Alter | Na | K | Cl | GE | Alb | P | Chol | H-N | Ca | Kre | Bil | HS |
|---|---|---|---|---|---|---|---|---|---|---|---|---|---|
| Alter | | 11 | o | o7 | -22 | -13 | o | 4o | 23 | -o7 | o6 | o1 | o |
| Na | 12 | | o | 43 | 17 | 17 | o | o4 | o2 | 28 | o1 | oo | o |
| K | . | . | | o | o | o | o | o | o | o | o | o | o |
| Cl | . | 47 | . | | -o3 | -o5 | o | o3 | o2 | -11 | oo | oo | o |
| GE | -17 | o6 | . | . | | 62 | o | -o9 | -o5 | 47 | -o1 | -oo | o |
| Alb | . | . | . | . | 49 | | o | -o5 | -o3 | 54 | -o1 | -oo | o |
| P | . | . | . | . | . | . | | o | o | o | o | o | o |
| Chol | 38 | . | . | . | . | . | . | | o9 | -o3 | o2 | o1 | o |
| H-N | 2o | . | . | . | . | . | . | . | | -o2 | 26 | o6 | o |
| Ca | . | 29 | . | -22 | 17 | 35 | . | . | . | | -oo | -oo | o |
| Kre | . | . | . | . | . | . | . | . | 25 | . | | 22 | o |
| Bil | . | . | . | . | . | . | . | . | . | . | 22 | | o |
| HS | . | . | . | . | . | . | . | . | . | . | . | . | |

Die Determinante ist  =  0,190679

## ABBILDUNG  14

Der Strukturkern für das Alter,
die Kenngrößen des SMA 6 plus
und die Werte der GOT, GPT und
$\gamma$-GT bei Männern (171 Referenzpersonen)

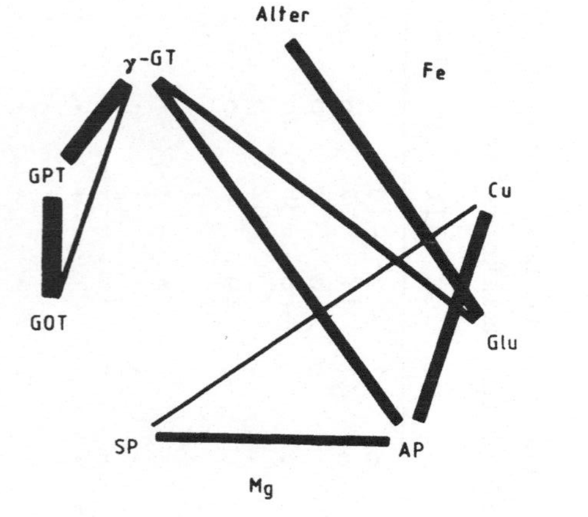


MODELL:   /A Glu/Cu AP SP/Glu $\gamma$-GT/
          /AP SP $\gamma$-GT/GOT GPT $\gamma$-GT/

## TABELLE  8

X - Rangkorrelationen für die Kenngrößen des SMA 6 plus und
für die Enzyme bei Referenzpersonen  (171  Männer)

| | Alter | Fe | Cu | Glu | AP | Mg | SP | GOT | GPT | $\gamma$-GT |
|---|---|---|---|---|---|---|---|---|---|---|
| Alter | | -o6 | oo | 27 | o4 | o4 | o5 | -o1 | oo | o9 |
| Fe | -o3 | | o3 | -o5 | -15 | -1o | -11 | o3 | o7 | 11 |
| Cu | -o4 | o5 | | 18 | 27 | -o4 | -11 | o9 | o3 | 17 |
| Glu | 27 | -o9 | 14 | | o6 | -o5 | -14 | o5 | o7 | 22 |
| AP | o1 | -17 | 28 | -o1 | | o9 | 22 | 18 | 22 | 24 |
| Mg | o4 | -1o | -o4 | -o6 | o5 | | 13 | oo | o5 | o9 |
| SP | o7 | -o9 | -15 | -16 | 2o | o9 | | 19 | 13 | 11 |
| GOT | -o3 | -o3 | o7 | -o1 | -o1 | -o6 | 14 | | 57 | 35 |
| GPT | -o2 | o8 | -o9 | o3 | 13 | o3 | -o1 | 5o | | 37 |
| $\gamma$-GT | o4 | 15 | o9 | 19 | 14 | o9 | o6 | 17 | 18 | |

Die Determinante ist  =  0,315037

## TABELLE  9

An den  Strukturkern angepaßte  Korrelationen für die Kenngrößen des  SMA 6 plus  und die Enzyme bei Referenzpersonen
(171  Männer)

| | Alter | Fe | Cu | Glu | AP | Mg | SP | GOT | GPT | $\gamma$-GT |
|---|---|---|---|---|---|---|---|---|---|---|
| Alter | | o | o | 27 | o1 | o | o | o2 | o2 | o6 |
| Fe | . | | o | o | o | o | o | o | o | o |
| Cu | . | . | | o1 | 27 | o | -11 | o2 | o2 | o6 |
| Glu | 26 | . | . | | o5 | o | o2 | o7 | o8 | 22 |
| AP | . | . | 29 | . | | o | 22 | o8 | o9 | 24 |
| Mg | . | . | . | . | . | | o | o | o | o |
| SP | . | . | -18 | . | 24 | . | | o4 | o4 | 11 |
| GOT | . | . | . | . | . | . | . | | 57 | 35 |
| GPT | . | . | . | . | . | . | . | 5o | | 37 |
| $\gamma$-GT | . | . | . | 19 | 19 | . | o5 | 17 | 21 | |

Die Determinante ist  =  0,403960

ABBILDUNG  15

Der Strukturkern für das Alter, die Kenngrößen des SMA6 plus und die Werte der GOT, GPT und $\gamma$-GT bei Frauen (276 Referenzpersonen)

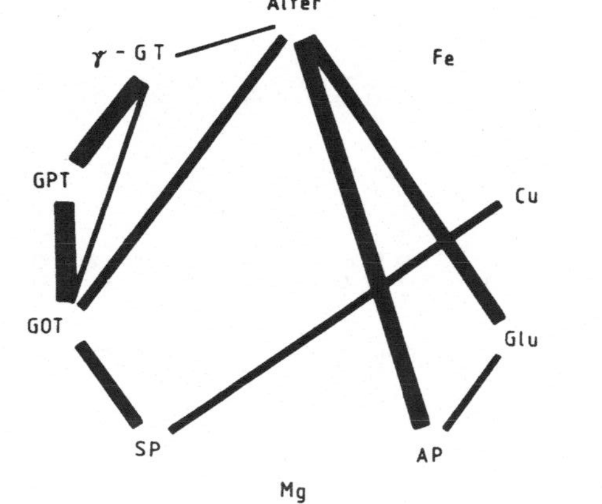


MODELL:  /A Glu AP/A GOT $\gamma$-GT/Cu SP/
/SP GOT/GOT GPT $\gamma$-GT/Fe/Mg/

TABELLE  10

X - Rangkorrelationen für die Kenngrößen des SMA 6 plus und für die Enzyme bei Referenzpersonen  (276  Frauen)

| | Alter | Fe | Cu | Glu | AP | Mg | SP | GOT | GPT | $\gamma$-GT |
|---|---|---|---|---|---|---|---|---|---|---|
| Alter | | -o3 | -o7 | 22 | 26 | 1o | 13 | 2o | 2o | 13 |
| Fe | -o3 | | 14 | -o9 | -o9 | 14 | -o1 | o9 | o8 | o7 |
| Cu | -o9 | 13 | | o6 | o4 | o7 | -18 | oo | o2 | o7 |
| Glu | 21 | -o7 | o6 | | 21 | -o4 | -o9 | -o5 | o5 | 13 |
| AP | 18 | -o9 | o6 | 15 | | o4 | 11 | o9 | 15 | 18 |
| Mg | 12 | 13 | o5 | -o8 | o3 | | -o6 | o3 | o1 | o5 |
| SP | o9 | o1 | -18 | -12 | o9 | -o8 | | 22 | o8 | 1o |
| GOT | 12 | o6 | o3 | -o8 | o2 | o2 | 19 | | 42 | 1o |
| GPT | o9 | o4 | -oo | oo | o5 | -o4 | -o6 | 39 | | 34 |
| $\gamma$-GT | o1 | o6 | o6 | 1o | 11 | o4 | 1o | -o8 | 31 | |

Die Determinante ist  =  0,441756

TABELLE  11

An den Strukturkern angepaßte Korrelationen für die Kenngrößen des SMA 6 plus und die Enzyme bei Referenzpersonen (276  Frauen)

| | Alter | Fe | Cu | Glu | AP | Mg | SP | GOT | GPT | $\gamma$-GT |
|---|---|---|---|---|---|---|---|---|---|---|
| Alter | | o | -o1 | 22 | 26 | o | o4 | 2o | 11 | 13 |
| Fe | . | | o | o | o | o | o | o | o | o |
| Cu | . | . | | -oo | -oo | o | -18 | -o4 | -o2 | -oo |
| Glu | 18 | . | . | | 21 | o | o1 | o4 | o3 | o3 |
| AP | 22 | . | . | 16 | | o | o1 | o5 | o3 | o3 |
| Mg | . | . | . | . | . | | o | o | o | o |
| SP | . | . | -18 | . | . | . | | 22 | o9 | o2 |
| GOT | 16 | . | . | . | . | . | 19 | | 42 | 1o |
| GPT | . | . | . | . | . | . | . | 4o | | 34 |
| $\gamma$-GT | 1o | . | . | . | . | . | . | -o7 | 33 | |

Die Determinante ist  =  0,546998

TABELLE   12

X - Rangkorrelationen   für das   Alter  und die   Kenngrößen  des   SMA12/60
(obere Hälfte) und partielle Korrelationen (untere Hälfte) bei Männern
mit Hyperparathyreoidismus   (n  =  34).   Angaben in   100 x r

| | Alter | Na | K | Cl | GE | Alb | P | Chol | H-N | Ca | Kre | Bil | HS |
|---|---|---|---|---|---|---|---|---|---|---|---|---|---|
| Alter | | -o8 | -16 | -o2 | -o9 | 15 | -o9 | 44 | o1 | -34 | -33 | 19 | -o2 |
| Na | 28 | | 13 | 41 | 28 | 43 | -14 | -13 | -25 | o9 | -13 | o8 | -14 |
| K | o1 | o6 | | 17 | -o7 | o1 | -o2 | -23 | -19 | -14 | 17 | -o4 | -13 |
| Cl | -25 | 42 | 17 | | o4 | 23 | -o6 | 11 | -21 | -o2 | -14 | o5 | -1o |
| GE | -43 | 27 | oo | -23 | | 49 | -2o | 35 | o9 | 22 | 12 | o6 | o1 |
| Alb | 1o | 29 | o1 | o3 | 44 | | -o4 | 29 | -31 | -12 | -25 | -o3 | -17 |
| P | -16 | o2 | -o6 | -o4 | -28 | 16 | | oo | 14 | o4 | 18 | -27 | 16 |
| Chol | 7o | -48 | -15 | 35 | 45 | 12 | 13 | | o2 | 2o | o7 | -o8 | -o4 |
| H - N | 3o | -11 | -27 | o6 | 31 | -25 | o7 | -22 | | 4o | 55 | -oo | 57 |
| Ca | -48 | 41 | -26 | -12 | -14 | -11 | -14 | 48 | -o3 | | 65 | o9 | 53 |
| Kre | -14 | -o9 | 48 | -11 | o1 | -o6 | 12 | 1o | 43 | 47 | | -1o | 41 |
| Bil | 33 | -o8 | o1 | 11 | 2o | -1o | -17 | -28 | -13 | 22 | -o9 | | 17 |
| HS | 24 | -23 | o3 | 1o | o2 | 13 | 17 | -3o | 33 | 48 | -o7 | 1o | |

Die Determinante ist  =  0,008799

TABELLE   13

X - Rangkorrelationen   für das   Alter  und die   Kenngrößen  des   SMA12/60
(obere Hälfte) und partielle Korrelationen (untere Hälfte)  bei Frauen
mit Hyperparathyreoidismus   (n  =  67).   Angaben in  100 x r

| | Alter | Na | K | Cl | GE | Alb | P | Chol | H-N | Ca | Kre | Bil | HS |
|---|---|---|---|---|---|---|---|---|---|---|---|---|---|
| Alter | | -o8 | -oo | -37 | -12 | -26 | 2o | 23 | 53 | o8 | 49 | 15 | 39 |
| Na | 15 | | 18 | 45 | 28 | 39 | -o6 | 1o | -1o | o4 | -o8 | oo | -o3 |
| K | o4 | 26 | | o2 | -o2 | o5 | o2 | o1 | -o2 | -24 | -13 | -13 | -29 |
| Cl | -25 | 56 | -16 | | -o9 | o6 | -33 | -13 | -36 | -o1 | -28 | -21 | -21 |
| GE | -14 | 13 | -o2 | -15 | | 64 | -o1 | 33 | -o7 | 18 | o5 | 1o | -o5 |
| Alb | -14 | 33 | -o8 | -17 | 5o | | -18 | 28 | -26 | o2 | -18 | o9 | -28 |
| P | -o6 | 19 | -11 | -34 | o9 | -18 | | o6 | 34 | -13 | 19 | -17 | 12 |
| Chol | 29 | -o5 | o1 | o4 | 2o | 17 | o6 | | o6 | -o4 | o6 | 16 | o2 |
| H - N | 15 | -o4 | 17 | -o5 | -o6 | o3 | 22 | -o4 | | 18 | 66 | 14 | 53 |
| Ca | -1o | -oo | -o9 | -o2 | 14 | o7 | -25 | -o7 | -14 | | 44 | -12 | 46 |
| Kre | 24 | o2 | -1o | -o4 | 12 | -1o | -o2 | -o1 | 5o | 37 | | -o1 | 45 |
| Bil | o3 | 1o | -16 | -23 | o6 | o4 | -35 | o8 | 11 | -29 | -o9 | | 21 |
| HS | 11 | 17 | -25 | -o6 | -oo | -24 | o3 | o2 | 34 | 45 | -o9 | 23 | |

Die Determinante ist  =  0,013020

65

ABBILDUNG   16

Der Strukturkern für das Alter
und die Kenngrößen des SMA12/60
bei Männern mit Hyperparathyreoidismus   (n = 34)

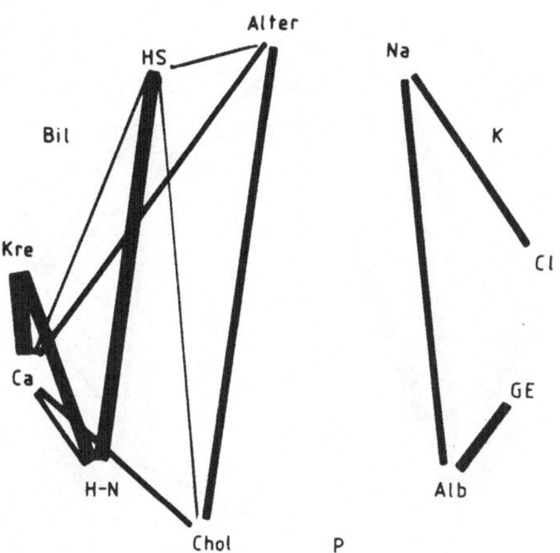


MODELL:   /A Chol Ca HS/Na Cl/Na Alb/GE Alb/H-N Ca Kre/
/H-N Ca HS/K/P/Bil/

TABELLE   14

An den Strukturkern angepaßte Korrelationen bei 34 Männern mit Hyperparathyreoidismus.  Strukturelle Nullkorrelationen erscheinen als  "."

| | Alter | Na | K | Cl | GE | Alb | P | Chol | H-N | Ca | Kre | Bil | HS |
|---|---|---|---|---|---|---|---|---|---|---|---|---|---|
| Alter | | o | o | o | o | o | o | 44 | -o6 | -34 | -19 | o | -o2 |
| Na | . | | o | 41 | 21 | 43 | o | o | o | o | o | o | o |
| K | . | . | | o | o | o | o | o | o | o | o | o | o |
| Cl | . | 38 | . | | o9 | 18 | o | o | o | o | o | o | o |
| GE | . | . | . | . | | 49 | o | o | o | o | o | o | o |
| Alb | . | 35 | . | . | 45 | | o | o | o | o | o | o | o |
| P | . | . | . | . | . | . | | o | o | o | o | o | o |
| Chol | 6o | . | . | . | . | . | . | | o1 | 2o | 1o | o | -o4 |
| H - N | . | . | . | . | . | . | . | . | | 4o | 55 | o | 57 |
| Ca | -5o | . | . | . | . | . | . | 45 | -o8 | | 65 | o | 53 |
| Kre | . | . | . | . | . | . | . | . | 38 | 45 | | o | 47 |
| Bil | . | . | . | . | . | . | . | . | . | . | . | | o |
| HS | 31 | . | . | . | . | . | . | -3o | 4o | 45 | . | . | |

Die Determinante ist   =   0,060119

ABBILDUNG   17

Der  Strukturkern  für  das  Alter
und  die  Kenngrößen  des  SMA12/60
bei  Frauen  mit  Hyperparathyreo -
idismus  (n = 67)

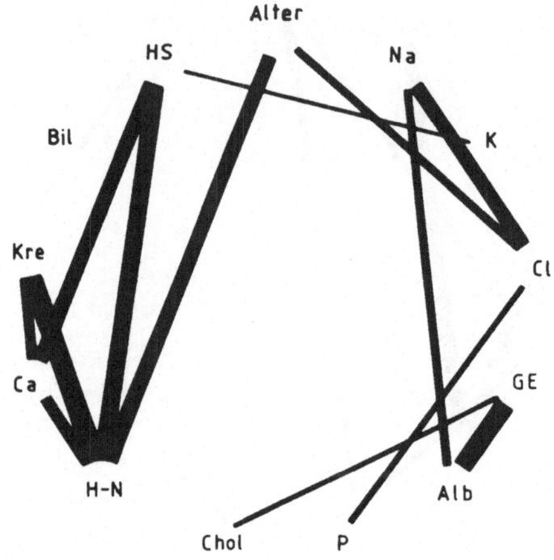


MODELL:   /A Cl/A H-N/Na Cl/Na Alb/K HS/Cl P/
  /GE Alb/GE Chol /H-N Ca Kre/H-N Ca HS/Bil/

TABELLE   15

An den Strukturkern angepaßte Korrelationen bei  67  Frauen mit Hyperparathyreoidismus.  Strukturelle Nullkorrelationen erscheinen als  "."

|      | Alter | Na  | K   | Cl  | GE  | Alb | P   | Chol | H-N | Ca  | Kre | Bil | HS  |
|------|-------|-----|-----|-----|-----|-----|-----|------|-----|-----|-----|-----|-----|
| Alter |      | -17 | o8  | -37 | -o4 | -o6 | 12  | -o1  | 53  | o9  | 35  | o   | 28  |
| Na    | .    |     | o1  | 45  | 25  | 39  | -15 | o8   | -o9 | -o2 | -o6 | o   | -o5 |
| K     | .    | .   |     | o3  | oo  | o1  | -o1 | oo   | -15 | -13 | -14 | o   | -29 |
| Cl    | -28  | 38  | .   |     | 11  | 17  | -33 | o4   | -2o | -o3 | -13 | o   | -1o |
| GE    | .    | .   | .   | .   |     | 64  | -o4 | 33   | -o2 | -oo | -o1 | o   | -o1 |
| Alb   | .    | 28  | .   | .   | 59  |     | -o6 | 21   | -o3 | -o1 | -o2 | o   | -o2 |
| P     | .    | .   | .   | -29 | .   | .   |     | -o1  | o7  | o1  | o4  | o   | o3  |
| Chol  | .    | .   | .   | .   | 26  | .   | .   |      | -o1 | -oo | -oo | o   | -oo |
| H - N | 37   | .   | .   | .   | .   | .   | .   | .    |     | 18  | 66  | o   | 53  |
| Ca    | .    | .   | .   | .   | .   | .   | .   | .    | -28 |     | 44  | o   | 46  |
| Kre   | .    | .   | .   | .   | .   | .   | .   | .    | 55  | 4o  |     | o   | 47  |
| Bil   | .    | .   | .   | .   | .   | .   | .   | .    | .   | .   | .   |     | o   |
| HS    | .    | .   | -22 | .   | .   | .   | .   | .    | 37  | 4o  | .   | .   |     |

Die Determinante ist  =  0,0462346

## ABBILDUNG  18

Der Strukturkern für das Alter,
die Kenngrößen des SMA 6 plus
und die Werte der GOT, GPT
und $\gamma$ - GT bei Männern mit
Hyperparathyreoidismus  (n = 34)

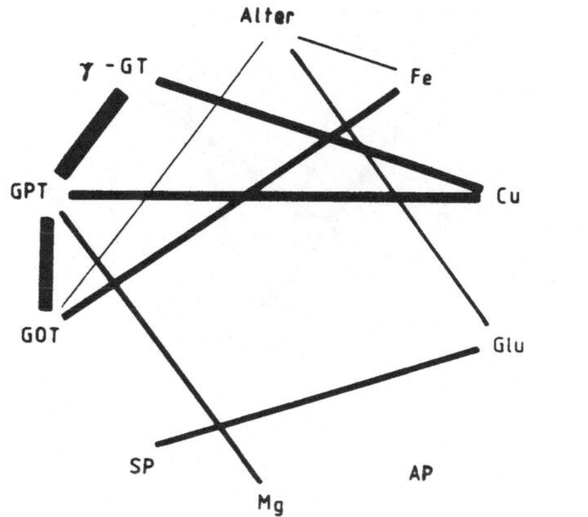


MODELL:  /A Fe GOT/A Glu/Cu GPT $\gamma$-GT/
/Glu SP/Mg GPT/GOT GPT/AP/

## TABELLE  16

X - Rangkorrelationen für die Kenngrößen des  SMA 6 plus  und
für die Enzyme bei  34  Männern mit  Hyperparathyreoidismus

| | Alter | Fe | Cu | Glu | AP | Mg | SP | GOT | GPT | $\gamma$-GT |
|---|---|---|---|---|---|---|---|---|---|---|
| Alter | | 29 | 14 | 3o | 16 | -17 | -1o | -o6 | -o7 | -o6 |
| Fe | 36 | | -o8 | -o3 | 29 | -o4 | -o1 | 34 | 2o | 17 |
| Cu | 11 | -o6 | | -17 | 16 | 14 | o1 | -36 | -33 | o9 |
| Glu | 38 | -14 | -o8 | | -21 | -oo | -33 | o3 | o5 | -19 |
| AP | 27 | o8 | 21 | -19 | | o6 | 13 | 25 | 26 | 37 |
| Mg | -32 | 14 | -o4 | 15 | 26 | | -o2 | -27 | -3o | -15 |
| SP | -o9 | o2 | -14 | -24 | 21 | -14 | | -o8 | -23 | -14 |
| GOT | -2o | 29 | -24 | o9 | 23 | -23 | -o5 | | 49 | 29 |
| GPT | -12 | o4 | -42 | 17 | 17 | -26 | -2o | 14 | | 66 |
| $\gamma$-GT | -o4 | o3 | 36 | -2o | 12 | o4 | -o5 | o2 | 65 | |

Die Determinante ist  =  O,074514

## TABELLE  17

An den  Strukturkern angepaßte  Korrelationen für die Kenngrößen des  SMA 6 plus  und die Enzyme bei  34  Männern mit
Hyperparathyreoidismus

| | Alter | Fe | Cu | Glu | AP | Mg | SP | GOT | GPT | $\gamma$-GT |
|---|---|---|---|---|---|---|---|---|---|---|
| Alter | | 29 | o1 | 3o | o | o1 | -1o | -o6 | -o3 | -o2 |
| Fe | 32 | | -o6 | o9 | o | -o5 | -o3 | 34 | 17 | 11 |
| Cu | . | . | | oo | o | 1o | -oo | -16 | -33 | o9 |
| Glu | 27 | . | . | | o | oo | -33 | -o2 | -o1 | -o1 |
| AP | . | . | . | . | | o | o | o | o | o |
| Mg | . | . | . | . | . | | -oo | -15 | -3o | -2o |
| SP | . | . | . | -31 | . | . | | o1 | oo | oo |
| GOT | -15 | 33 | . | . | . | . | . | | 49 | 32 |
| GPT | . | . | -48 | . | . | -19 | . | 31 | | 66 |
| $\gamma$-GT | . | . | 44 | . | . | . | . | . | 68 | |

Die Determinante ist  =  O,177333

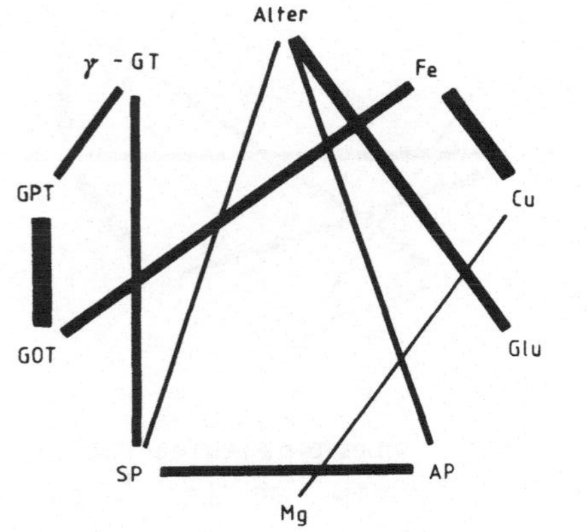


TABELLE   18

X – Rangkorrelationen für die Kenngrößen des SMA 6 plus und für die Enzyme bei 67 Frauen mit Hyperparathyreoidismus

|        | Alter | Fe  | Cu  | Glu | AP  | Mg  | SP  | GOT | GPT | γ-GT |
|--------|-------|-----|-----|-----|-----|-----|-----|-----|-----|------|
| Alter  |       | -1o | o4  | 38  | 26  | o4  | -13 | 13  | 14  | 11   |
| Fe     | -13   |     | -38 | -o4 | -11 | o1  | -o7 | 33  | 13  | o1   |
| Cu     | -o2   | -34 |     | o8  | 12  | 21  | 11  | -23 | -12 | -oo  |
| Glu    | 35    | oo  | o9  |     | o9  | -o1 | o1  | 13  | 1o  | o8   |
| AP     | 32    | -o1 | o1  | -o2 |     | 16  | 33  | -18 | -17 | o5   |
| Mg     | o4    | 17  | 21  | -o4 | 12  |     | 12  | -14 | o5  | -o4  |
| SP     | -22   | -o5 | o4  | o8  | 36  | o8  |     | -14 | -27 | -3o  |
| GOT    | 11    | 31  | -o5 | o7  | -o8 | -22 | o7  |     | 6o  | o4   |
| GPT    | o4    | -12 | -o4 | o1  | -1o | 23  | -13 | 59  |     | 27   |
| γ-GT   | -o2   | o4  | o3  | o6  | 18  | -o9 | -27 | -15 | 27  |      |

Die Determinante ist  =  0,189915

TABELLE   19

An den Strukturkern angepaßte Korrelationen für die Kenngrößen des SMA 6 plus und die Enzyme bei 67 Frauen mit Hyperparathyreoidismus

|        | Alter | Fe  | Cu  | Glu | AP  | Mg  | SP  | GOT | GPT | γ-GT |
|--------|-------|-----|-----|-----|-----|-----|-----|-----|-----|------|
| Alter  |       | oo  | oo  | 38  | 26  | oo  | -13 | o1  | o1  | o4   |
| Fe     | .     |     | -38 | oo  | -o1 | -o8 | -o2 | 33  | 2o  | o5   |
| Cu     | .     | -35 |     | oo  | oo  | 21  | o1  | -13 | -o7 | -o2  |
| Glu    | 36    | .   | .   |     | 1o  | oo  | -o5 | oo  | oo  | o1   |
| AP     | 3o    | .   | .   | .   |     | oo  | 33  | -o2 | -o3 | -1o  |
| Mg     | .     | .   | 19  | .   | .   |     | oo  | -o3 | -o2 | oo   |
| SP     | -21   | .   | .   | .   | 36  | .   |     | -o5 | -o8 | -3o  |
| GOT    | .     | 25  | .   | .   | .   | .   | .   |     | 6o  | 16   |
| GPT    | .     | .   | .   | .   | .   | .   | .   | 56  |     | 27   |
| γ-GT   | .     | .   | .   | .   | .   | .   | -27 | .   | 21  |      |

Die Determinante ist  =  0,267602

TABELLE   20

X - Rangkorrelationen   für das   Alter und die   Kenngrößen des   SMA12/60
(obere Hälfte) und partielle Korrelationen (untere Hälfte) bei Männern
mit Leberzirrhose   (n   =   33).   Angaben in   100 x r

|        | Alter | Na  | K   | Cl  | GE  | Alb | P   | Chol | H-N | Ca  | Kre | Bil | HS  |
|--------|-------|-----|-----|-----|-----|-----|-----|------|-----|-----|-----|-----|-----|
| Alter  |       | -o3 | -14 | 14  | o8  | 15  | -18 | o1   | 25  | 11  | 13  | -4o | -13 |
| Na     | -19   |     | -31 | 79  | 12  | 16  | o6  | 23   | -36 | 11  | -44 | -19 | -15 |
| K      | -23   | -44 |     | -14 | -o6 | o5  | 34  | o8   | 23  | 1o  | 13  | -o8 | 22  |
| Cl     | 18    | 89  | 32  |     | o7  | 19  | o8  | -o6  | -21 | -o2 | -28 | -33 | -36 |
| GE     | o5    | -41 | -28 | 48  |     | 58  | 2o  | 62   | -35 | 8o  | o1  | -o3 | o7  |
| Alb    | -15   | -o7 | 17  | 22  | -18 |     | -o8 | 49   | -25 | 79  | 12  | -33 | -22 |
| P      | -15   | -24 | 31  | 34  | -o3 | -42 |     | 25   | -3o | 2o  | o1  | -24 | 42  |
| Chol   | 16    | 49  | 29  | -47 | 28  | o5  | o9  |      | -39 | 71  | -1o | -15 | 17  |
| H - N  | 25    | -11 | 35  | 16  | -17 | -27 | -52 | -15  |     | -27 | 47  | o6  | 25  |
| Ca     | o9    | 23  | o6  | -36 | 63  | 72  | 24  | o9   | 19  |     | o6  | -28 | 14  |
| Kre    | o5    | -38 | -3o | 21  | -o3 | 47  | 14  | o7   | 32  | -22 |     | o3  | 41  |
| Bil    | -37   | 22  | 13  | -3o | 44  | -15 | -24 | -1o  | oo  | -21 | 17  |     | o6  |
| HS     | -o9   | 46  | 15  | -44 | 11  | -35 | 34  | -o8  | 25  | 19  | 51  | -12 |     |

Die Determinante ist   =   0,000208

TABELLE   21

X - Rangkorrelationen   für das   Alter und die   Kenngrößen des   SMA12/60
(obere Hälfte) und partielle Korrelationen (untere Hälfte) bei Männern
mit Herzinfarkt   (n   =   42).   Angaben in   100 x r

|        | Alter | Na  | K   | Cl  | GE  | Alb | P   | Chol | H-N | Ca  | Kre | Bil | HS  |
|--------|-------|-----|-----|-----|-----|-----|-----|------|-----|-----|-----|-----|-----|
| Alter  |       | o1  | o2  | o4  | -o1 | 15  | -o8 | 11   | -17 | -13 | -1o | o2  | o2  |
| Na     | -oo   |     | o5  | 61  | -24 | o1  | -31 | -35  | 3o  | 18  | 15  | o8  | 11  |
| K      | 16    | -o4 |     | -26 | -37 | -o9 | 27  | -41  | 51  | o7  | 4o  | 1o  | 27  |
| Cl     | 11    | 66  | -28 |     | -27 | -19 | -24 | -2o  | -o5 | -o5 | -o8 | -14 | -2o |
| GE     | -o7   | -18 | -39 | -13 |     | 62  | -17 | 43   | -46 | 37  | -5o | -27 | -2o |
| Alb    | 26    | 36  | 11  | -36 | 37  |     | -21 | 39   | -43 | 58  | -45 | -5o | -26 |
| P      | -o6   | -29 | 17  | 1o  | -oo | -o3 |     | o3   | 27  | -o9 | 4o  | 1o  | 3o  |
| Chol   | 11    | -12 | -32 | -13 | -o2 | o2  | 13  |      | -55 | 32  | -34 | -17 | -12 |
| H - N  | -o8   | 31  | 16  | -25 | 13  | -22 | o1  | -46  |     | -o3 | 87  | 4o  | 48  |
| Ca     | -26   | 16  | 25  | 1o  | 18  | 38  | -o3 | 44   | 22  |     | -o9 | -28 | -15 |
| Kre    | o6    | -17 | -13 | 1o  | -27 | o4  | 18  | 27   | 78  | -o1 |     | 42  | 55  |
| Bil    | 13    | 22  | -o9 | -3o | o6  | -42 | -11 | o6   | o1  | -oo | o3  |     | 51  |
| HS     | o1    | 23  | 12  | -14 | 13  | o4  | 17  | 13   | -o1 | -2o | 23  | 3o  |     |

Die Determinante ist   =   0,000789

ABBILDUNG   20

Der  Strukturkern  für  das  Alter
und  die  Kenngrößen  des  SMA12/60
bei  Männern  mit  Leberzirrhose
(n = 33)

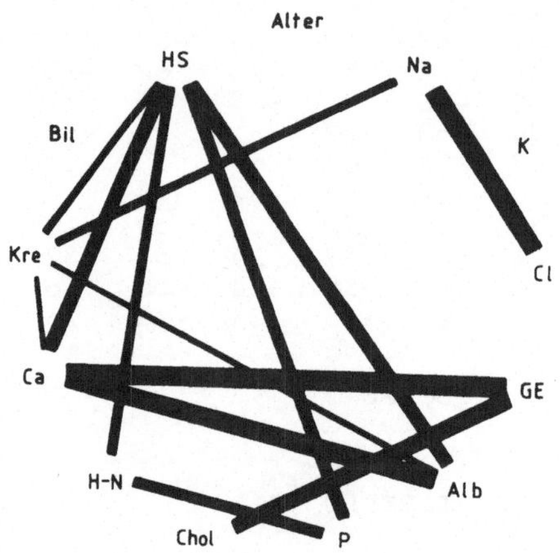


MODELL:   /Na Cl/Na Kre/GE Chol/GE Ca/
          /Alb Ca Kre HS/P H-N HS/A/K/Bil/

TABELLE   22

An den Strukturkern angepaßte Korrelationen bei  33  Männern mit Leberzirrhose.  Strukturelle  Nullkorrelationen  sind  durch  "."  markiert

| | Alter | Na | K | Cl | GE | Alb | P | Chol | H-N | Ca | Kre | Bil | HS |
|---|---|---|---|---|---|---|---|---|---|---|---|---|---|
| Alter | | o | o | o | o | o | o | o | o | o | o | o | o |
| Na | . | | o | 79 | -o2 | -o5 | -o7 | -o1 | -o5 | -o2 | -44 | o | -18 |
| K | . | . | | o | o | o | o | o | o | o | o | o | o |
| Cl | . | 75 | . | | -o2 | -o4 | -o6 | -o1 | -o4 | -o2 | -34 | o | -14 |
| GE | . | . | . | . | | 63 | o5 | 62 | o3 | 8o | o5 | o | 11 |
| Alb | . | . | . | . | . | | -o9 | 39 | -o6 | 79 | 12 | o | -22 |
| P | . | . | . | . | . | . | | o3 | -3o | o6 | 17 | o | 42 |
| Chol | . | . | . | . | 43 | . | . | | o2 | 5o | o3 | o | o7 |
| H - N | . | . | . | . | . | . | -47 | . | | o3 | 1o | o | 25 |
| Ca | . | . | . | . | 48 | 74 | . | . | . | | o6 | o | 14 |
| Kre | . | -24 | . | . | . | 41 | . | . | . | -3o | | o | 41 |
| Bil | . | . | . | . | . | . | . | . | . | . | . | | o |
| HS | . | . | . | . | . | -59 | 41 | . | 33 | 47 | 47 | . | |

Die Determinante ist  =  0,007288

ABBILDUNG 21

TABELLE 23

X - Rangkorrelationen für die Kenngrößen des SMA 6 plus und für die Enzyme bei 29 Männern mit Leberzirrhose

| | Alter | Fe | Cu | Glu | AP | Mg | SP | GOT | GPT | $\gamma$-GT |
|---|---|---|---|---|---|---|---|---|---|---|
| Alter | | 12 | -o9 | 15 | -12 | -o4 | -o8 | -36 | o2 | -22 |
| Fe | 36 | | 12 | 22 | -13 | -11 | 31 | 36 | 43 | -o2 |
| Cu | -46 | 32 | | -12 | 33 | -39 | 12 | 12 | 26 | 39 |
| Glu | -o9 | 16 | -27 | | -37 | -o8 | 15 | -o8 | 18 | o2 |
| AP | 33 | -29 | 41 | -29 | | o2 | 34 | o7 | -o9 | 44 |
| Mg | -52 | 3o | -71 | -24 | 4o | | -19 | -27 | -o1 | -o5 |
| SP | -36 | 39 | -32 | 17 | 6o | -41 | | 16 | 2o | o6 |
| GOT | -66 | 41 | -64 | -34 | 33 | -7o | -33 | | 64 | 27 |
| GPT | 56 | -17 | 65 | 28 | -4o | 66 | 36 | 82 | | 17 |
| $\gamma$-GT | -o2 | -1o | 29 | 36 | 35 | 15 | -15 | 24 | -1o | |

Die Determinante ist = O,027638

TABELLE 24

An den Strukturkern angepaßte Korrelationen für die Kenngrößen des SMA 6 plus und die Enzyme bei 29 Männern mit Leberzirrhose

| | Alter | Fe | Cu | Glu | AP | Mg | SP | GOT | GPT | $\gamma$-GT |
|---|---|---|---|---|---|---|---|---|---|---|
| Alter | | -13 | -o4 | oo | -o1 | 1o | -oo | -36 | o2 | -o1 |
| Fe | . | | o4 | -oo | o1 | -1o | oo | 36 | 23 | o1 |
| Cu | . | . | | -12 | 33 | -39 | 11 | 11 | o7 | 15 |
| Glu | . | . | . | | -37 | o5 | -13 | -o1 | -o1 | -16 |
| AP | . | . | 26 | -31 | | -13 | 34 | o4 | o2 | 44 |
| Mg | . | . | -36 | . | . | | -o4 | -27 | -18 | -o6 |
| SP | . | . | . | . | 28 | . | | o1 | o1 | 15 |
| GOT | -46 | 24 | . | . | . | -17 | . | | 64 | o2 |
| GPT | 35 | . | . | . | . | . | . | 66 | | o1 |
| $\gamma$-GT | . | . | . | . | 38 | . | . | . | . | |

Die Determinante ist = O,166978

Der Strukturkern für das Alter, die Kenngrößen des SMA6 plus und die Werte der GOT, GPT und $\gamma$-GT bei Männern mit Leberzirrhose (n = 29)

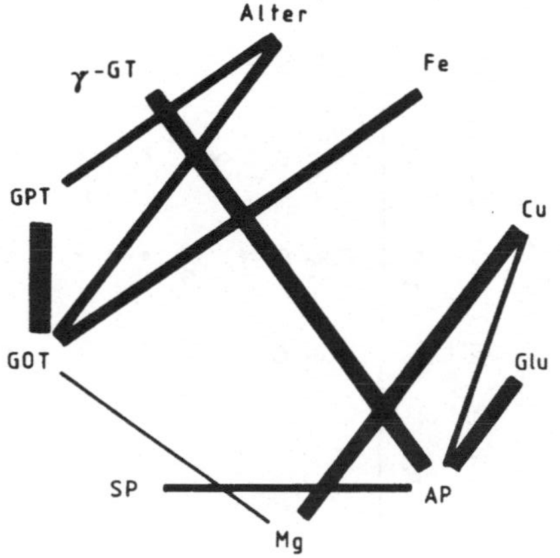

MODELL: /A GOT GPT/Fe GOT/Cu AP/Cu Mg/ /Glu AP/AP SP/AP $\gamma$-GT/Mg GOT/

ABBILDUNG   22

Der  Strukturkern  für  das  Alter
und  die  Kenngrößen  des  SMA12/60
bei  Männern  mit  Herzinfarkt
während  der  Behandlung  (n = 42)

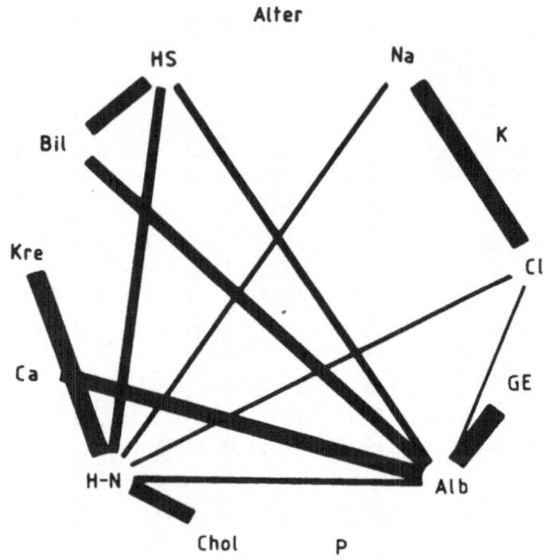


MODELL:   /Na Cl H-N/Cl Alb H-N/GE Alb/Alb H-N HS/
          /Alb Ca/Alb Bil HS/Chol H-N/H-N Kre/A/K/P/

TABELLE   25

An den Strukturkern angepaßte Korrelationen bei  42  Männern mit Herzinfarkt.  Strukturelle  Nullkorrelationen  sind  durch  "."  markiert

|        | Alter | Na | K | Cl | GE | Alb | P | Chol | H-N | Ca | Kre | Bil | HS |
|--------|-------|----|----|----|----|-----|----|------|-----|----|-----|-----|-----|
| Alter  |       | o  | o  | o   | o   | o   | o  | o    | o   | o   | o   | o   | o   |
| Na     | .     |    | o  | 61  | -16 | -26 | o  | -17  | 3o  | -15 | 26  | 17  | 16  |
| K      | .     | .  |    | o   | o   | o   | o  | o    | o   | o   | o   | o   | o   |
| Cl     | .     | 64 | .  |     | -12 | -19 | o  | o3   | -o5 | -11 | -o4 | o7  | -o1 |
| GE     | .     | .  | .  | .   |     | 62  | o  | 15   | -26 | 36  | -23 | -31 | -16 |
| Alb    | .     | .  | .  | -12 | 48  |     | o  | 23   | -43 | 58  | -37 | -5o | -26 |
| P      | .     | .  | .  | .   | .   | .   |    | o    | o   | o   | o   | o   | o   |
| Chol   | .     | .  | .  | .   | .   | .   | .  |      | -55 | 14  | -48 | -2o | -27 |
| H - N  | .     | 21 | .  | -19 | .   | -14 | .  | -29  |     | -25 | 87  | 37  | 48  |
| Ca     | .     | .  | .  | .   | .   | 44  | .  | .    | .   |     | -21 | -29 | -15 |
| Kre    | .     | .  | .  | .   | .   | .   | .  | .    | 76  | .   |     | 32  | 42  |
| Bil    | .     | .  | .  | .   | .   | -31 | .  | .    | .   | .   | .   |     | 51  |
| HS     | .     | .  | .  | .   | .   | o9  | .  | .    | 21  | .   | .   | 43  |     |

Die Determinante ist  =  0,012900

ABBILDUNG   23

Der Strukturkern  für  das  Alter
und  die  Kenngrößen  des  SMA12/60
bei  Frauen  mit  Mamma - Ca
(n = 53)

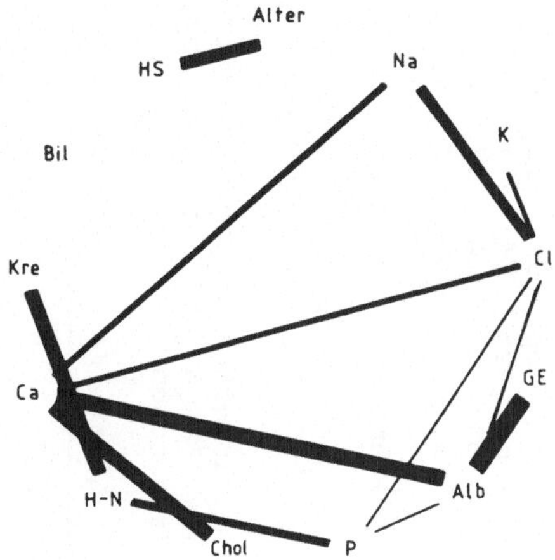


MODELL:   /A HS/Na Cl Ca/K Cl/Cl Alb P/Cl Alb Ca/
          /GE Alb/P H-N/H-N Kre/Chol Ca/Bil/

TABELLE   26

An den Strukturkern angepaßte Korrelationen bei  53  Frauen mit Mamma-
Carcinomen.  Strukturelle Nullkorrelationen sind  durch  "."  markiert

|       | Alter | Na | K  | Cl  | GE  | Alb | P  | Chol | H-N | Ca  | Kre | Bil | HS |
|-------|-------|----|----|-----|-----|-----|----|------|-----|-----|-----|-----|----|
| Alter |       | o  | o  | o   | o   | o   | o  | o    | o   | o   | o   | o   | 45 |
| Na    | .     |    | 13 | 41  | 14  | 18  | 16 | 2o   | o6  | 33  | o3  | o   | o  |
| K     | .     | .  |    | 31  | -o6 | -o7 | o9 | -o3  | o3  | -o5 | o2  | o   | o  |
| Cl    | .     | 46 | 26 |     | -18 | -22 | 29 | -1o  | 11  | -17 | o6  | o   | o  |
| GE    | .     | .  | .  | .   |     | 81  | o6 | 35   | o2  | 56  | o1  | o   | o  |
| Alb   | .     | .  | .  | -1o | 7o  |     | o8 | 43   | o3  | 69  | o1  | o   | o  |
| P     | .     | .  | .  | 25  | .   | o8  |    | o3   | 36  | o5  | 19  | o   | o  |
| Chol  | .     | .  | .  | .   | .   | .   | .  |      | o1  | 62  | o1  | o   | o  |
| H - N | .     | .  | .  | .   | .   | .   | 3o | .    |     | o2  | 52  | o   | o  |
| Ca    | .     | 3o | .  | -15 | .   | 39  | .  | 48   | .   |     | o1  | o   | o  |
| Kre   | .     | .  | .  | .   | .   | .   | .  | .    | 49  | .   |     | o   | o  |
| Bil   | .     | .  | .  | .   | .   | .   | .  | .    | .   | .   | .   |     | o  |
| HS    | 45    | .  | .  | .   | .   | .   | .  | .    | .   | .   | .   | .   |    |

Die Determinante ist  =  0,029115

## ABBILDUNG 24

Der Strukturkern für das Alter,
die Kenngrößen des SMA 6 plus
und die Werte der GOT, GPT
und $\gamma$-GT bei Frauen mit
Mamma - Ca (n = 39)

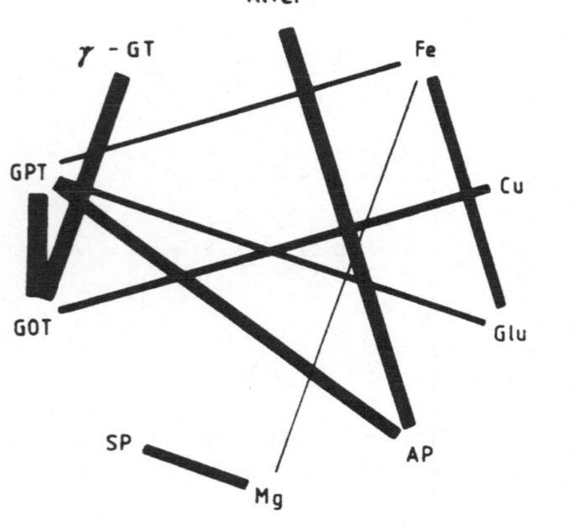


MODELL:  /A AP/Fe Glu GPT/Fe Mg/
/Cu GOT/AP GPT/Mg SP/GOT GPT/
/GOT $\gamma$-GT/

## TABELLE  27

X - Rangkorrelationen für die Kenngrößen des  SMA 6 plus  und
für die Enzyme bei   39   Frauen mit Mamma - Carcinomen

|       | Alter | Fe  | Cu  | Glu | AP  | Mg  | SP  | GOT | GPT | $\gamma$-GT |
|-------|-------|-----|-----|-----|-----|-----|-----|-----|-----|------|
| Alter |       | -o3 | 15  | 2o  | 51  | 28  | 13  | 19  | 27  | 13   |
| Fe    | o7    |     | o8  | -48 | -o7 | 31  | 11  | -o3 | 14  | 16   |
| Cu    | o3    | o9  |     | 1o  | 2o  | o8  | -12 | 37  | 32  | 23   |
| Glu   | 14    | -6o | o5  |     | 21  | -o5 | -12 | 17  | 31  | 22   |
| AP    | 42    | -3o | o6  | -12 |     | 31  | 32  | 41  | 48  | 47   |
| Mg    | 13    | 34  | o9  | 14  | 2o  |     | 42  | -o4 | 1o  | o5   |
| SP    | -o9   | oo  | -17 | -11 | 31  | 31  |     | -o6 | o2  | -o2  |
| GOT   | o4    | -25 | 24  | -23 | o3  | -o6 | -o5 |     | 65  | 56   |
| GPT   | o3    | 36  | o4  | 37  | 21  | -o7 | o2  | 47  |     | 58   |
| $\gamma$-GT | -2o | 32 | -o5 | 23 | 37 | -o9 | -1o | 31 | 12 |   |

Die Determinante ist   =   O,O38425

## TABELLE  28

An den   Strukturkern angepaßte   Korrelationen für die Kenngrößen des   SMA 6 plus   und die   Enzyme bei   39   Frauen mit
Mamma - Carcinomen

|       | Alter | Fe  | Cu  | Glu | AP  | Mg  | SP  | GOT | GPT | $\gamma$-GT |
|-------|-------|-----|-----|-----|-----|-----|-----|-----|-----|------|
| Alter |       | o4  | o6  | o8  | 51  | o1  | oo  | 16  | 25  | o9   |
| Fe    | .     |     | o3  | -48 | o7  | 31  | 13  | o9  | 14  | o5   |
| Cu    | .     | .   |     | o8  | 12  | o1  | oo  | 37  | 24  | 21   |
| Glu   | .     | -54 | .   |     | 15  | -15 | -o6 | 2o  | 31  | 11   |
| AP    | 46    | .   | .   | .   |     | o2  | o1  | 31  | 48  | 18   |
| Mg    | .     | 24  | .   | .   | .   |     | 42  | o3  | o4  | o2   |
| SP    | .     | .   | .   | .   | .   | 4o  |     | o1  | o2  | o1   |
| GOT   | .     | .   | 26  | .   | .   | .   | .   |     | 65  | 56   |
| GPT   | .     | 25  | .   | 33  | 32  | .   | .   | 48  |     | 36   |
| $\gamma$-GT | . | . | . | . | . | . | . | 44 | . |   |

Die Determinante ist   =   O,O88278

gleich Null ist, ergibt sich daraus, daß die negative Korrelation zwischen Alter und Gesamteiweiß im wesentlichen durch das Albumin vermittelt wird. Bei den Frauen sind die Verhältnisse eher umgekehrt. Außerdem besteht in beiden Kollektiven eine positive Abhängigkeit des Harnstoff - Stickstoffs von dem Alter, die aber bei den Frauen wegen der insgesamt niedrigeren Korrelationen (erkenntlich an der höheren Entropie) deutlicher hervortritt. Die Kovarianzselektion läßt weiter erkennen, daß die bei beiden Kollektiven beobachtete Abnahme des Calciums mit dem Alter im wesentlichen durch das Albumin vermittelt wird.

Betrachtet man die übrigen klinisch - chemischen Kenngrößen, deren korrelative Zusammenhangsstrukturen sich aus den TABELLEN 8 bis 11 und den ABBILDUNGEN 14 und 15 ergeben, so erkennt man, daß beiden Kollektiven eine positive Altersabhängigkeit der Glukose gemeinsam ist. Bei den Frauen fällt eine positive Altersabhängigkeit der alkalischen Phosphatase sowie der Enzyme GOT, GPT und $\gamma$ - GT auf, bei denen die GOT haptsächlich beteiligt ist.


## 4.2.2.2  Die Patientenkollektive

Die ABBILDUNGEN 16 bis 24 zeigen die korrelativen Strukturkerne für die betrachteten klinisch - chemischen Kenngrößen bei den Patientenkollektiven. Man sieht, daß sich bei den unterschiedlichen Kollektiven ausgeprägte Muster herausbilden, die von denen der Referenzkollektive sehr verschieden sind und von denen die Bilder bei den Kollektiven mit HYPERPARATHYREOIDISMUS eine gewisse Ähnlichkeit miteinander aufweisen.

Die Strukturkerne für die Männer und Frauen mit HYPERPARATHYREOIDISMUS ergeben sich aus den TABELLEN 12 bis 19 und den ABBILDUNGEN 16 bis 19. Es zeigt sich, ähnlich wie bei den Ergebnissen zur Diagnostischen Wertigkeit, bei diesen Patienten die dominierende Rolle des Calciums im Korrelationsgefüge. Dabei ist aber die Korrelation zwischen dem Calcium und dem Albumin aufgebrochen. Stattdessen sind hohe Korrelationen mit der Harnsäure und dem Kreatinin hinzugekommen. Gleichzeitig fällt eine Beteiligung des Harnstoff - Stickstoffs im Korrelationsgefüge auf. Eine Verschiebung scheint in den Altersabhängigkeiten einzutreten. So besteht bei den Männern eine erheblich stärkere positive Korrelation des Cholesterins mit dem Alter als bei den Frauen. Ähnlich wie bei den Männern, ist die Determinante der Korrelationsmatrix für die Kenngrößen des SMA12/60 etwa achtmal kleiner als bei den Referenzkollektiven und damit die empirische Strukturintensität knapp dreimal größer. Während bei den Enzymen kaum eine Änderung im korrelativen Verhalten festzustellen ist, ergibt sich eine Verschiebung durch das Hereinkommen von Kupfer und Eisen.

Besonders krasse Unterschiede zu den Referenzpersonen enthüllt die Kovarianzselektion bei den Patienten mit LEBERZIRRHOSE. So ist die Determinante der Korrelationsmatrix für die Kenngrößen des SMA12/60 über 290 mal kleiner als bei den Referenzpersonen und damit die empirische Strukturintensität etwa 17 mal größer. Die Kovarianzselektion ergibt ein frühes Abkoppeln des Alters der Patienten aus dem Korrelationsgefüge. Offenbar werden durch die steigenden Strukturintensitäten die bei den Referenzpersonen zu beobachtenden Altersabhängigkeiten überlagert. Nähere Einzelheiten sind den TABELLEN 20 und 22 bis 24 sowie den ABBILDUNGEN 20 und 21 zu entnehmen.

Weiter ist bei diesem Kollektiv besonders auffällig, daß die Harnsäure sich zu einem starken Korrelationszentrum entwickelt hat. Dasselbe gilt in abgeschwächtem Maße auch für das Kreatinin. Die bei den Referenzkollektiven besonders stabile Korrelation zwischen Albumin und Gesamteiweiß erscheint aufgebrochen. Wie ein Blick auf die ABBILDUNG 20 zeigt, wird die noch verbleibende Korrelation durch das Calcium vermittelt. Offenbar setzt sich das Gesamteiweiß in verstärktem Maße aus anderen Bestandteilen (wohl Gammaglobulinen) zusammen, die ebenfalls mit dem Calcium assoziiert sein müssen. Es bestehen zusätzlich deutliche Altersabhängigkeiten einiger Größen, besonders der GOT und GPT. Bei jüngeren Patienten ist anscheinend die GOT stärker erhöht als bei älteren. Umgekehrt ist es bei der GPT. Die Korrelationen zwischen der alkalischen Phosphatase und der $\gamma$ - GT finden sich auch bei den Referenzpersonen. Auch durch die Kovarianzselektion wird, genau wie bei den Untersuchungen über die Abweichungsmuster, die zentrale Rolle der GOT deutlich.

Bei den Männern mit HERZINFARKTEN läßt die Strukturanalyse den Harnstoff - Stickstoff als ein Korrelationszentrum erkennen, wie aus den TABELLEN 21 und 25 sowie aus der ABBILDUNG 22 zu sehen ist. Ähnlich wie bei den LEBERZIRRHOSEN, besteht kaum eine Korrelation der Kenngrößen mit dem Alter der Patienten. Andererseits bleibt die Korrelation zwischen dem Albumin und dem Gesamteiweiß erhalten.

Auch bei den Frauen mit MAMMA - CARCINOMEN enthüllt die Strukturanalyse erhebliche Unterschiede zu den Referenzpersonen. So ist die De-

77

terminante der Korrelationsmatrix etwa 13 mal kleiner als bei den Referenzpersonen. Besonders auffällig ist die positive Korrelation zwischen dem Kreatinin und dem Harnstoff-Stickstoff. Ebenfalls fällt die Korrelation zwischen dem Calcium und dem Cholesterin auf, die bei den Referenzpersonen nicht vorhanden ist. Anders als bei den Referenzpersonen, wird die Korrelation zwischen der GPT und der $\gamma$-GT hauptsächlich durch die GOT vermittelt. Die strukturellen Zusammenhänge sind den ABBILDUNGEN 23 und 24 zu entnehmen und den TABELLEN 27 bis 29, von denen die letzte noch angefügt sei.

TABELLE 29

X - Rangkorrelationen für das Alter und die Kenngrößen des SMA12/60 (obere Hälfte) und partielle Korrelationen (untere Hälfte) bei Frauen mit Mamma-Carcinomen (n = 53). Angaben in 100 x r

|       | Alter | Na  | K   | Cl  | GE  | Alb | P   | Chol | H-N | Ca  | Kre | Bil | HS  |
|-------|-------|-----|-----|-----|-----|-----|-----|------|-----|-----|-----|-----|-----|
| Alter |       | -o9 | o6  | o1  | -14 | -o7 | oo  | 17   | 25  | 21  | o6  | 15  | 45  |
| Na    | -o9   |     | 22  | 41  | 31  | 31  | 23  | 31   | o1  | 33  | o7  | -2o | -1o |
| K     | o3    | -o2 |     | 31  | o9  | 11  | 21  | o9   | 2o  | 12  | 25  | -21 | o8  |
| Cl    | 12    | 46  | 26  |     | -14 | -22 | 29  | -13  | 14  | -17 | o5  | -18 | -14 |
| GE    | -31   | o3  | -o2 | 12  |     | 81  | -o5 | 45   | -11 | 65  | -o6 | -o9 | 16  |
| Alb   | -o5   | o8  | 1o  | -24 | 61  |     | o8  | 47   | -11 | 69  | -o8 | -o6 | 15  |
| P     | -o1   | 15  | o5  | 17  | -2o | 31  |     | -16  | 36  | o1  | 25  | o6  | -o5 |
| Chol  | o8    | 22  | -o2 | -o9 | -o2 | 14  | -33 |      | 15  | 62  | o2  | -16 | 15  |
| H - N | o9    | -14 | o2  | o9  | o1  | -15 | 37  | 31   |     | o2  | 52  | 1o  | 26  |
| Ca    | 36    | 14  | o5  | -13 | 29  | 22  | o7  | 34   | -o2 |     | -o2 | -o6 | 19  |
| Kre   | -13   | 14  | 22  | -14 | oo  | -o8 | o5  | -o3  | 41  | -oo |     | 14  | 2o  |
| Bil   | 12    | -o6 | -22 | -1o | -o2 | o4  | o6  | -15  | o3  | o1  | 14  |     | 16  |
| HS    | 44    | -o7 | o5  | -o8 | 2o  | o6  | -11 | -o4  | 16  | -1o | 13  | o6  |     |

Die Determinante ist = 0,008138

# 5.    DISKUSSION

## 5.1    DIE MULTIVARIATE BEURTEILUNG VON LAGEVERÄNDERUNGEN

Ein Profil klinisch - chemischer Kenngrößen eines Patienten stellt eine Informationsquelle für den Arzt dar, die dazu dienen kann, krankhafte Veränderungen festzustellen und zu beurteilen. Dies muß durch einen Vergleich mit einem geeignetem Referenzkollektiv erfolgen. Die Untersuchungen haben gezeigt, daß bei der Beurteilung des Datenvektors das Geschlecht und das Alter des Patienten berücksichtigt werden müssen. Die Berücksichtigung des Geschlechts erfolgt am besten durch die Benutzung getrennter Referenzkollektive von Männern und Frauen. Die Altersberücksichtigung könnte im Prinzip durch Klassenbildung (Schichtung) erfolgen, man hätte aber dann Schwierigkeiten, hinreichend große Klassen zu bekommen und hätte an den Klassengrenzen keine eindeutige Beurteilung.

Die hier vorgeschlagene multivariate Beurteilung benutzt einen linearen Regressionsansatz, mit dessen Hilfe die Werte eines Patienten auf ein bestimmtes Alter umgerechnet werden. Erst danach erfolgt die Beurteilung. Die Prüfung eines Datensatzes erfolgt in der Regel univariat, das heißt, alle klinischen Größen werden einzeln daraufhin überprüft, ob sie im jeweiligen Referenzbereich (Normbereich) liegen. Das hat den Vorteil, daß man ganz gezielt bestimmte Größen abfragen kann, was bei bestimmten Krankheiten oder nach Medikamentengabe manchmal vorteilhaft oder sogar notwendig ist. Im allgemeinen ist dieses Verfahren aber nicht als optimal anzusehen. Zum einen wächst nämlich mit der Zahl der Größen, wie bereits ausgeführt, die Wahrscheinlichkeit dafür, daß rein zufällig, auch bei Gesunden, eine oder mehrere Größen aus ihrem Referenzbereich herausfallen (falsch positiver Befund), zum anderen werden die teilweise hohen Korrelationen, die zwischen den klinischen Größen bestehen, nicht berücksichtigt. Wenn man einen positiven Einzelwert hat, so ist es unmöglich, ohne Außenkriterien zu entscheiden, ob er zufällig entstanden ist oder ob er auf krankhafte Veränderungen zurückgeführt werden muß. Solche Außenkriterien können anamnestische Angaben oder andere Informationen über den Patienten sein. Die Prüfgröße $V^2$ benutzt nur die Werte der gleichzeitig gemessenen klinisch - chemischen Kenngrößen und die Kenntnis deren Interkorrelationen und Mittelwerte bei einem passenden Referenzkollektiv.

Wenn nur zwei klinisch - chemische Kenngrößen betrachtet werden, kann man durch Zeichnen eines zweidimensionalen Referenzbereiches (Konfidenzellipse) eine graphische Lösung für das Beurteilungsproblem finden. Auch bei drei Größen ist eine entsprechende Hilfskonstruktion noch denkbar. Bei mehr als drei Größen muß man jedoch den mathematischen Formalismus benutzen. Die Prüfgröße $v^2$ stellt gewissermaßen ein Abstandsmaß dar, das heißt, es wird (bei festgehaltenem Alter) eine Zahl bestimmt, deren Quadratwurzel den Abstand des Patientenvektors vom Zentrum des Referenzkollektivs darstellt (in einer durch das Referenzkollektiv induzierten Metrik). Die Prüfgröße ist damit eine ungerichtete Größe und gibt daher noch keinen Hinweis auf eine spezielle zugrunde liegende Krankheit. Sie eignet sich daher besonders zu einer INDISKRIMINIERTEN Datenanalyse, z. B. bei ROUTINEUNTERSUCHUNGEN.

Wendet man die Prüfgröße $v^2$ auf die Referenzkollektive selbst an, so kommt man auf einen Anteil von fünf bis acht Prozent positiver Profile. Dies liegt recht gut bei dem theoretisch erwarteten Wert von fünf Prozent. Damit ergibt sich eine drastische Reduktion falsch positiver Befunde, deren Anteil zum Beispiel bei den Profilen des SMA12/60 auf über 40 Prozent kommt.

Die allgemeine Empfindlichkeit war sehr hoch und lag bei einigen Patientenkollektiven bei 100 Prozent. Dies ist allerdings nicht sehr überraschend, wenn man bedenkt, daß es sich um schwere Krankheiten mit erheblichen Auswirkungen auf den Stoffwechsel handelte. So wäre etwa bei den Hyperparathyreoidismuspatienten auch die univariate Prüfung wegen der stark erhöhten Calcium-Werte kaum zu negativen Ergebnissen gekommen. Wie sich die Prüfgröße $v^2$ bei weniger schweren Krankheiten verhält, steht noch dahin. Es ist zu erwarten, daß die multivariable Prüfung der Prüfung an Einzelwerten überlegen ist (diese stellt übrigens nur einen Spezialfall der multivariaten Prüfung dar). Das wird besonders dann zutreffen, wenn sich die Krankheit nicht speziell auf einzelne Werte auswirkt. Voraussetzung ist jedoch, daß in die multivariable Prüfgröße keine irrelevanten Größen integriert werden, wodurch die multivariate Prüfung ihre Empfindlichkeit wieder verlieren könnte.

Ein wesentlicher Vorteil der multivariaten Auswertung besteht darin, daß man Teilmengen des Kenngrößensatzes bilden und die entsprechenden Prüfgrößen berechnen kann. Auf diese Weise kann man prüfen, welche Größenkombinationen bei einem Patienten zu einem besonders hohen Wert von $v^2$ führen und damit seine Abweichung von der Norm bedingen. Dies ist naturgemäß ein sehr rechenaufwendiges Verfahren und setzt den Einsatz eines Großrechners voraus, da man wegen der komplizierten Interkorrelationen der Größen bei den einzelnen Patienten die maximale Größenkombination weder vorhersagen noch anderweitig bekommen kann und man somit auf eine totale Enumeration angewiesen ist. Dafür kann man aber auch hoffen, sehr interessante Einblicke in das Krankheitsgeschehen zu bekommen.

In dieser Arbeit sind für alle Patienten die maximalen Viererkombinationen berechnet und die wesentlichen Ergebnisse anhand von Graphiken (den "diagnostischen Wertigkeiten") dargestellt worden.

Ein Vergleich der Bilder zeigt, daß die verschiedenen Krankheiten zu ganz unterschiedlichen Mustern mit teilweise stark ausgeprägten Verbindungslinien führen. Die Bilder der beiden Patientenkollektive mit Hyperparathyreoidismus weisen große Ähnlichkeiten auf. Man kann wohl erwarten, daß die gefundenen Muster für die jeweiligen Krankheiten typisch sind und kann sie dann geradezu als ABSTRAKTE SYNDROME der betreffenden Krankheiten auffassen. Man kommt so zu der Vermutung, daß zwei Krankheiten mit ähnlichen Abweichungsmustern auch ähnliche chemische Mechanismen (in den betrachteten Kenngrößen) aufweisen.

Eine genauere Interpretation der gefundenen Muster ist indessen keineswegs einfach und erfordert teilweise subtile pathobiochemische bzw. pathophysiologische Argumentation. Auf jeden Fall muß man die Korrelationen zwischen den klinisch-chemischen Kenngrößen bei den Referenzpersonen berücksichtigen. Als Beispiel sei das Größenpaar: <u>Albumin - Calcium</u> bei den Patienten mit Hyperparathyreoidismus betrachtet. Es besteht eine hohe positive Korrelation zwischen beiden Größen bei den Referenzpersonen. Es wäre daher zu erwarten, daß bei der massiven Erhöhung des Calciums bei den Patienten eine ebensolche Erhöhung in den Albuminwerten zu beobachten wäre. Tatsächlich findet jedoch eine teilweise beträchtliche Absenkung statt (erkenntlich auch an der großen Streuung der Albuminwerte). Dieses aus der Sicht des Referenzkollektives unplausible Verhalten hat zur **Folge**, daß das Paar: "Albumin-Calcium" bei allen Maximalkombinationen zu je vier Größen vertreten ist. Ähnliche Überlegungen gelten auch in anderen Fällen.

Die Untersuchungen haben weiter den Zweck, bei bestimmten Krankheiten diejenigen klinisch-chemischen Kenngrößen herauszufinden und zu eliminieren, die für die betreffende Krankheit keine diagnostische Bedeutung haben. Dies ist daran zu erkennen, daß die Prüfgröße $V^2$ sich nicht wesentlich ändert, wenn man die Größen aus der Analyse herausläßt. Auf diese Weise läßt sich die Empfindlichkeit der rechnerischen Prüfung (bei Vorliegen einer Verdachtsdiagnose) steigern. Die Hereinnahme irrelevanter Größen kann nämlich zwar die Prüfgröße $V^2$ nur erhöhen, gleichzeitig steigt aber auch die Zahl der Freiheitsgrade, die für die Beurteilung der Signifikanz der Prüfgröße wesentlich ist. Daher kann es vorkommen, daß eine signifikante Prüfgröße durch die Hereinnahme unnötiger und irrelevanter Kenngrößen ihre Signifikanz wieder verliert.

Durch die oben gemachten Ausführungen ist schon angedeutet, daß man die multivariable Prüfgröße $V^2$ auch dazu benutzen kann, zwischen verschiedenen Krankheiten zu diskriminieren oder, anders ausgedrückt, diagnostische Hinweise zu erhalten. Hierzu bieten sich zwei Möglichkeiten an:

1.  Man ersetzt das Referenzkollektiv durch ein Patientenkollektiv. Dann bekommt man zwei Prüfgrößen $V_1^2$ und $V_2^2$, die quasi die Abstände des Probanden von den beiden in Frage kommenden Kollektiven messen. Man wird dann den Patienten dem ersten Kollektiv zuordnen, wenn $V_1^2$ klein, $V_2^2$ dagegen groß ist usw. Dieses Verfahren entspricht im wesentlichen einer quadratischen Diskriminanzanalyse.

2.  Man beläßt das Referenzkollektiv, berechnet aber $V_1^2$ mit denjenigen klinisch-chemischen Kenngrößen, die für die erste Krankheit besonders charakteristisch sind sowie $V_2^2$ mit denjenigen Kenngrößen, die für die zweite Krankheit besonders charakteristisch sind. Hierbei läßt man diejenigen Größen weg, die auf beide Krankheiten reagieren. Danach verfährt man sinngemäß.

Wenn die Größen multivariat normalverteilt sind, ist die Diskriminanzanalyse auf jeden Fall vorzuziehen. Da dies jedoch meistens nicht der Fall ist, muß man empirisch entscheiden, welche Methode effizienter ist. Daß auch mit der zweiten Methode eine Trennung der Kollektive möglich ist, erkennt man an der ABBILDUNG 25, in der am Beispiel des Kollektives der Männer mit Leberzirrhosen und des Kollektives der Männer mit Hyperparathyreoidismus eine solche Aufteilung vorgenommen wurde. Auf der Abszisse ist im logarithmischen Maßstab die Prüfgröße $V^2$ für das Cholesterin, den Harnstoff-Stickstoff und das Bilirubin aufgetragen, auf der Ordinate entsprechend die Prüfgröße für das Kalium, das Chlorid und das Calcium. Die erste Kombination ist für Leberzirrhose und die zweite für Hyperparathyreoidismus relevant. Die für beide Krankheiten gemeinsam relevanten Kenngrößen sind, wie gesagt, weggelassen worden. Wie man sieht, bekommt man so eine recht gute Trennung der beiden Patientenkollektive. Trotzdem führt in diesem

ABBILDUNG   25

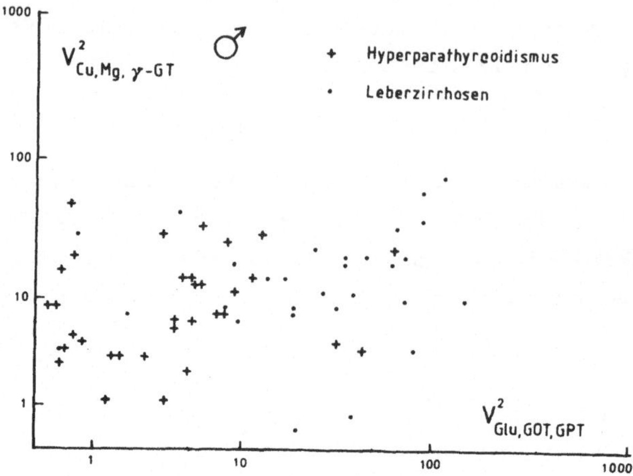


Die Trennung zweier Patientenkollektive mit der Prüfgröße   $V^2$

Beispiel die Diskriminanzanalyse zu einer noch besseren Trennung, wenn man alle klinisch‑chemischen Kenngrößen in die Analyse hineinnimmt, obwohl die Verteilungen der Größen teilweise beträchtlich schief sind.


## 5.2   KRANKHEIT UND INNERE STRUKTUR DER DATEN

Während die Verteilungen der klinisch‑chemischen Kenngrößen bei den Referenzkollektiven in vielen Fällen symmetrisch und annähernd normal sind, sind sie bei vielen Patientenkollektiven mehr oder weniger schief durch das häufige Auftreten großer Werte. Auch bei ohnehin schiefen Verteilungen ist die (in der Regel positive) Schiefe bei den Patientenkollektiven in der Regel noch größer. Aus der INFORMATIONS-THEORIE ist bekannt, daß die Normalverteilungen innerhalb einer großen Klasse von Verteilungen bei vorgegebener Streuung die größte ENTROPIE besitzen. Weil die relative Strukturintensität der Daten vom Maßsystem unabhängig ist, kann man also sagen, daß die relative Strukturintensität der Verteilungen bei Patientenkolloktiven gegenüber gesunden Personen zunimmt.

Die Untersuchungen des vorigen Kapitels zeigen nun, daß dasselbe auch für die korrelative Struktur der mehrdimensionalen Verteilungen gilt. Ordnet man die Kollektive nach steigender Strukturintensität für die

Kenngrößen des SMA12/60, so ergibt sich die folgende Reihenfolge, wenn einfach für die Strukturintensität $I = 1/\sqrt{\det(K)}$ gesetzt wird

| Kollektiv | I |
|---|---|
| Referenzpersonen (Frauen) | 3,09 |
| Referenzpersonen (Männer) | 4,06 |
| Hyperparathyreoidismus (Frauen) | 8,76 |
| Hyperparathyreoidismus (Männer) | 10,66 |
| Mamma - Carcinome (Frauen) | 11,09 |
| Herzinfarkte (Männer) | 35,60 |
| Leberzirrhosen (Männer) | 69,34 |

Auf den ersten Blick scheint dies eine Rangordnung nach der Stärke der chemischen Entgleisung oder ungefähr nach dem Schweregrad der Erkrankung zu sein. Es wäre jedoch unzulässig, hieraus auf einen kausalen Zusammenhang zwischen Schwere der Erkrankung und Zunahme der Strukturintensität zu schließen. Die Frage nach der Ursache für die Strukturveränderungen ist nicht leicht zu beantworten. Es bieten sich zwei grundsätzlich verschiedene Erklärungen an:

1. Die Strukturveränderungen werden durch die entsprechenden Krankheiten direkt verursacht. Bei schweren Erkrankungen bewegen sich manche Größen an den Grenzen der noch mit dem Leben vereinbaren Bereiche. Möglicherweise zieht dies nach sich, daß auch andere Größen in extreme Bereiche hineingezogen oder -gedrängt werden, wodurch die hohen Korrelationen entstehen. Damit ist aber immer noch unklar, durch welche Mechanismen dies geschieht.

2. Die Stärke der Lageveränderungen der klinisch - chemischen Kenngrößen hängt mit dem Schweregrad der Erkrankung zusammen. Wenn die Patienten unterschiedlich stark erkrankt sind, bilden sie ein Mischkollektiv. Da die Schwere der Erkrankung keine diskrete Größe sein wird, bedeutet dies, daß die Verteilungen der klinisch - chemischen Kenngrößen STETIGE MISCHVERTEILUNGEN darstellen. In diesem Fall stellt die Schwere der Erkrankung eine Einflußgröße dar, die eine Erhöhung der Korrelationen hervorrufen kann (Scheinkorrelationen). In diesem Fall würde die Höhe der Korrelationen davon abhängen, in welchem Bereich der Schweregrad der Erkrankung variieren kann.

Man kann die beiden Effekte sicherlich nicht ohne zusätzliche Untersuchungen auseinanderhalten. Eine Möglichkeit zur Prüfung des ersten Effektes würde darin bestehen, bei gewissen Patienten Wertesätze zu sammeln, um auf diese Weise intraindividuelle Korrelationsmatrizen zu bekommen. Dann müßte sich zeigen, ob die Entropieabnahme auch innerhalb der Patienten besteht. Eine Möglichkeit zur Prüfung des zweiten Effektes besteht darin, das Patientengut bei einer bestimmten Krankheit in leichtere und schwerere Fälle aufzuteilen (am besten durch Außenkriterien) und danach getrennt in beiden Unterkollektiven Korrelationen zu berechnen. Wenn der zweite Effekt vorhanden wäre, müßte die Entropieabnahme in beiden Unterkollektiven geringer als im Gesamtkollektiv sein.

In dieser Untersuchung mußte auf solche Rechnungen verzichten werden, weil die Patientenkollektive hierfür viel zu klein sind.

Einen weiteren Zugang zu dem Problem bietet schließlich noch die Faktorenanalyse. Man kann nämlich den Schweregrad der Erkrankung als unbekannten Faktor ansehen und versuchen, ihn mit Hilfe der Faktorenanalyse zu extrahieren. Hier hätte man aber noch die Schwierigkeit der Validierung, das heißt, man müßte zeigen, daß der extrahierte Faktor auch wirklich den Schweregrad der Erkrankung beschreibt.

Betrachtet man die Leberzirrhosen als das Kollektiv mit der ausgeprägtesten Struktur, so zeigt sich, daß die Prüfgröße $v^2$ für die Wertesätze des SMA12/60 in dem weitesten Bereich variiert (nämlich von $v^2 = 13,5$ bis $v^2 = 8871,0$). Dies gibt zu der Vermutung Anlaß, daß der Schweregrad der Erkrankung bei den Leberzirrhosen in einem besonders weiten Bereich variiert. Das spricht dafür, daß die hohen Korrelationen weitgehend durch die Inhomogenitäten des Patientenkollektives verursacht werden. Wahrscheinlich ist aber wohl doch, daß beide oben angedeuteten Effekte für die beobachteten Intensitätssteigerungen verantwortlich sind.


5.3   DIE ROLLE DER NORMALVERTEILUNG

Über die Zulässigkeit von Normalverteilungsannahmen ist viel geschrieben und teilweise kontrovers diskutiert worden. Man sollte hier keine dogmatischen Standpunkte vertreten, sondern ganz pragmatisch prüfen, ob die (rechnerisch einfache) Anwendung von Methoden, die auf die Normalverteilung zugeschnitten sind, zu brauchbaren und zutreffenden Ergebnissen führt. Es soll noch einmal zusammengestellt werden, an welchen Stellen dieser  Untersuchung die multivariate Normalität der Verteilungen vorausgesetzt werden muß.

Zum ersten mußte für die Einführung der Prüfgröße $v^2$ eine multivariate Normalverteilung der  Kenngrößen bei den  Referenzkollektiven vorausgesetzt werden.  Hierbei waren im Prinzip beliebige monotone Transformationen der klinisch‑chemischen Kenngrößen, die dann als  Randvariablen auftreten,  zur Normalisierung zugelassen.  Die Normalität der Verteilungen wurde danach nicht weiter überprüft.  Es ergibt  sich jedoch ein  indirekter Test für die  Richtigkeit der  Modellannahmen aus der Betrachtung der Prüfgröße $v^2$. Für Referenzpersonen müßte sie nämlich approximativ $\chi^2$ - verteilt sein.

Wie man in der  ABBILDUNG 1  erkennt, ist die Prüfgröße bei beiden Referenzkollektiven  recht gut durch  eine  $\chi^2$ - Verteilung  darstellbar. Daher scheint die  Annahme der  Normalverteilung der  klinisch‑chemischen  Kenngrößen bei den Referenzpersonen ganz gut brauchbar zu sein, um mit  Hilfe der  Fraktilen der  $\chi^2$ - Verteilung  Signifikanzschranken für $v^2$ festzulegen.  Zugleich erkennt man aber auch, daß der Auswahl der Referenzkollektive besondere Sorgfalt gewidmet werden muß. Bei der Analyse der Daten der Frauen mit Mamma‑Carcinomen wurde deutlich, daß es für besondere  Zwecke nützlich sein kann,  das Referenzkollektiv in Bezug auf die Altersstruktur dem  jeweiligen Patientenkollektiv anzupassen.

Nur am Rande sei erwähnt, daß man zu QUASI - VERTEILUNGSFREIEN Beurteilungsverfahren mit der auf die Normalverteilung zugeschnittenen Methodik kommen kann, wenn  man auf  die Daten der  Referenzkollektive  die diskretisierende X - Transformation  von  VAN DER WAERDEN  ausübt  und den  Patientendaten X - Ränge  zuordnet,  die sich durch Vergleich der Werte mit den Referenzwerten ergeben. Mit dieser Methodik kann man sogar schief‑verteilte  Patientenkollektive zu  Referenzkollektiven machen und so eine quadratische Diskriminierung nachbilden.

Prinzipiell vorausgesetzt werden muß das Vorliegen einer multivariaten Normalverteilung für die Durchführung der Kovarianzselektion. Denn nur dann sind die in der  (Gl. 62)  auftretenden Konzentrationen als partielle  Korrelationen interpretierbar.  Die Anwendung der Kovarianzselektion auf die  Patientendaten scheint daher auf den ersten Blick unmöglich  zu sein,  da diese mit  Sicherheit große Abweichungen von der Normalität aufweisen.  Das heißt aber noch nicht,  daß die Daten nicht durch geeignete Transformationen wenigstens approximativ in Normalverteilungen übergeführt werden können. Dafür werden dann von Fall zu Fall andere normalisierende Transformationen erforderlich sein.

Die bei diesen Untersuchungen vorgeschlagene und durchweg bei der Kovarianzselektion angewandte X - Transformation umgeht die Suche nach geeigneten Transformationen. Im Grunde steht die X - Transformation für eine ganze Klasse von Transformationen, die alle das Ergebnis haben, die Daten in quasi - normalverteilte Werte mit dem Mittelwert Null und (asymptotisch) der Streuung Eins zu überführen. Da die X - Transformation bei bereits normalverteilten Größen keinen Schaden anrichtet, wie umfangreiche Simulationsrechnungen gezeigt haben, auf die hier aber nicht weiter eingegangen werden soll, hat sie denselben Effekt, als hätte man die Daten vorher in den Randverteilungen durch geeignete Transformationen normalisiert und dann gewöhnliche Korrelationen berechnet. Ein weiterer Vorteil der X - Transformation liegt darin begründet, daß sie auf Großrechnern leicht durchführbar ist.

Die Rechnungen zur Kovarianzselektion können daher nur als approximative Verfahren zur Aufdeckung der inneren korrelativen Struktur der Daten angesehen werden, mit denen man hoffen kann, die wesentlichen Aspekte der Korrelationsstruktur erfaßt zu haben.

6. <u>LITERATURVERZEICHNIS</u>


1. MURPHY, E. A.: The Logic of Medicine. John Hopkins University Press, Baltimore (1976)

2. GROSS, H. E. und E. WICHMANN: "Was ist eigentlich normal"? Die Medizinische Welt 30, 2 - 14, Stuttgart (1979)

3. REHPENNING, W., K. HARM, ASTRID DOMESLE und K. D. VOIGT: Falsch positive Werte bei der Vielfachanalyse: Die Abschätzung ihrer Häufigkeit mit der Sylvesterschen Formel und ihre Reduktion durch eine multivariate Testgröße. J. Clin. Chem. Clin. Biochem. 17, 565 - 573 (1979)

4. HARM, K., W. REHPENNING, ASTRID DOMESLE und K. D. VOIGT: Falsch positive Werte bei der Vielfachanalyse: Eine Erhebung an Referenz- und Patientenkollektiven. J. Clin. Chem. Clin. Biochem. 17, 517- 522 (1979)

5. WINKEL, P., J. LYNGBYE und K. JÖRGENSEN: The Normal Region - a Multivariate Problem. Scand. J. Clin. Lab. Invest. 30, 339 - 344 (1972)

6. GRAMS, R. R., E. A. JOHNSON and E. S. BENSON: Laboratory Data Analysis: Section III, Multivariate Normality. Amer. J. Clin. Path. 58, 188 - 200 (1972)

7. KÅGEDAL, B., A. SANDSTRÖM, and G. TIBBLING: Determination of a Trivariate Reference Region for Free Thyroxine Index, Free Triiodothyroxine Index, and Thyrotropin from Results obtained in a Health Survey of Middle - aged Women. Clin. Chem.24/10, 1744 - 1750 (1978)

8. HOTELLING, H.: The Generalization of Student's Ratio. Ann. Math. Stat. 2, 360 - 378 (1931)

9. ANDERSON, T. W.: An Introduction to Multivariate Statistical Analysis, John Wiley & Sons, New York (1974)

10. VAN EIMEREN, W.: Normwerte in der Medizin. Methodologische Aspekte und mehrdimensionale Normen. Habilitationsschrift, Ulm 1971

11. FISHER, R. A.: The Use of Multiple Measurements in Taxonomic Problems. Ann. Eugenics 7, 179 - 188 (1936)

12. WELCH, B. L.: Note on Discriminant Functions, Biometrika 31, 218 - 220 (1939)

13. MICHAELIS, J.: Zur Anwendung der Diskriminanzanalyse für die medizinische Diagnostik. Habilitationsschrift Mainz (1972)

14. GRANNIS, G. F. and J. A. LOTT: A Technique for Determining the Probability of Abnormality. Clin. Chem. 24/4, 640 - 651 (1978)

15. DEMPSTER, A. P.: Covariance Selection. Biometrics 28, 157 - 175 (1972)

16. WERMUTH, N.: Model Search among Multiplicative Models. Biometrics 32, 95 - 108 (1976)

17. WERMUTH, N., T. WEHNER, and H. GÖNNER: Finding Condensed Descriptions for Multidimensional Data. Computer Programs in Biomedicine 6, 23 - 38 (1976)

18. TECHNICON: Reagent Data Handbook for the Technicon SMA12/60 System. Technical publication No. THO - 0160 - 10. Technicon Instruments Corporation, Tarrytown (1971)

19. EMPFEHLUNGEN der Deutschen Gesellschaft für Klinische Chemie. Standardisierung von Methoden zur Bestimmung von Enzym - Aktivitäten in biologischen Flüssigkeiten. Z. klin. Chem. 8, 658 (1970) und 10, 182 (1972)

20. KOLSTER, W. und S. LENSCH: Eppendorfer Labor-, Informations- und Aufnahmesystem ELIAS. AEG - Telefunken Druckschrift AS11.13.04.74, Konstanz (1974)

21. GALEN, R. S.: The Normal Range - A Concept in Transition. Arch. Pathol. Lab. Med., 101 (1977)

22. SUNDERMAN, F. W.: Current Concepts of "normal values", "reference values" and "discrimination values" in Clinical Chemistry. Clin. Chem. 21, 1873 - 1877 (1975)

23.  PFANZAGL, J.:  Allgemeine Methodenlehre der Statistik,  263 - 264
Walter de Gruyter,  Berlin  (1968)

24.  DRAPER, N. R.  and  H. SMITH:  Applied  Regression Analysis. John
Wiley & Sons,  New York, London, Sydney  (1966)

25.  GRAYBILL, F. A.: An Introduction to Linear Statistical Methods I.
Mc Graw Hill,  New York, Toronto, London  (1961)

26.  VICTOR, N.:  Alternativen  zum  klassischen  Histogramm.    Meth.
Inform. Med.  17/2,  120  (1978)

27.  BROCKHAUS Encyklopädie  XVIII,  246,  Wiesbaden  (1973)

28.  CHARLIER, C. V. L.:  Researches into the  Theory of  Probability.
Lunds Universitets Årsskrift I,  Nr. 5,  Lund (1906)

29.  VAN DER WAERDEN, B. L.:  Mathematische Statistik.  Berlin, Göt-
tingen, Heidelberg  (1965)

30.  KULLBACK, S.:  Information  Theory and  Statistics.  Dover  Publ.
New York  (1968)

31.  WITTING, H.: Mathematische Statistik. Teubner,  Stuttgart (1978)

32.  WITTING, H.  und  G. Nölle:   Angewandte Mathematische Statistik.
Teubner,  Stuttgart  (1970)

33.  RÉNYI, A.:  Wahrscheinlichkeitsrechnung mit einem Anhang über In-
formationstheorie.  VEB Deutscher Verlag  der  Wissenschaften,
Berlin  (1966)

34.  GUIAŞU, S.:  Information Theory with Applications.  Mc Graw Hill,
New York  (1977)

35.  CRAMÉR, H.:  Mathematical Methods of Statistics.  Princeton University Press  (1971)

# Medizinische Informatik und Statistik